Erwin Graf

Das schnelle METHODEN 1x1 Biologie

mit Arbeitsmaterialien

Cornelsen

Der Autor des Bandes

Erwin Graf ist Biologie- und Chemielehrer, in der Lehrerausbildung (1. und 2. Phase) tätig, hat eine Biologiedidaktik herausgegeben und ist Autor zahlreicher fachdidaktischer Veröffentlichungen. Seine Arbeits- und Forschungsschwerpunkte sind: Förderung naturwissenschaftlicher Denk- und Arbeitsweisen, Modelldenken und offene Lehr-Lern-Formen.

Projektleitung: Amira Sarkiss, Berlin
Redaktion: Anke Simon, Wilnsdorf
Umschlagkonzeption: Julia Walch, Bad Soden
Umschlaggestaltung: LemmeDESIGN, Berlin
Illustrationen: Steffen Jähde, Sundhagen
Layout/technische Umsetzung: fotosatz griesheim GmbH

www.cornelsen.de

1. Auflage 2017

Druck: AZ Druck und Datentechnik GmbH, Kempten

ISBN 978-3-589-15532-3

PEFC zertifiziert
Dieses Produkt stammt aus nachhaltig bewirtschafteten Wäldern und kontrollierten Quellen.
www.pefc.de

Die in diesem Band vorgestellten Methoden wurden im Biologieunterricht mehrfach erprobt und haben sich als besonders erfolgreich erwiesen, um den Lern- und Bildungserfolg der Schüler zu steigern und ihr Interesse an biologischen Themen und Fragestellungen nachhaltig zu fördern.

An zahlreichen Stellen finden Sie in diesem Heft Tipps aus der Unterrichtspraxis, durch die erfolgreiches Classroom-Management sichergestellt wird. Die in diesem Heft vorgestellten Methoden lassen sich in der Regel völlig reibungslos in Ihren Unterricht integrieren und gewinnbringend umsetzen. Sie können zum Teil auch sinnvoll miteinander kombiniert werden.

Die Zusammenstellung der Methoden in diesem Heft ist eine Auswahl. Sie ist als kleiner, bescheidener Beitrag zur Weiterentwicklung eines nachhaltig wirksamen, schüleraktivierenden, motivierenden und abwechslungsreich gestalteten Biologieunterrichts zu verstehen – stets im Bewusstsein von John Hattie (2009): Es kommt auf den Lehrer an – ja, auf den Lehrer –, der „guten Unterricht ermöglicht", indem er seinen Schülern vielfältige Lern- und Bildungschancen eröffnet.

Zur besseren Lesbarkeit werden in diesem Heft nur die maskulinen Formen verwendet. Wo von Schülern oder Lehrern die Rede ist, sind ausdrücklich auch Schülerinnen und Lehrerinnen gemeint.

Ich wünsche Ihnen, liebe Biologiekolleginnen und -kollegen, viel Freude und Erfolg beim Unterrichten von Biologie.

Erwin Graf
Freiburg im Breisgau, im April 2017

Hinweis: Sie können die Materialseiten auf dem Kopierer auf 141 % vergrößern. Sie erhalten dann eine DIN-A4-Seite.

→ Wochentagplaner

Ziele der Methode

Diese Methode erlaubt es, dass

- Sie Partnerarbeitsphasen schnell organisieren können,
- Schüler mit unterschiedlichen Partnern konstruktiv zusammenarbeiten lernen,
- die Lern- und Arbeitsatmosphäre in einer Klasse oder Lerngruppe gesteigert wird.

Einsatzmöglichkeiten

Die Methode eignet sich im Biologieunterricht für die Organisation von Partnerarbeit in allen Klassen- und Kursstufen.

Material

–

Vorbereitung

Zu Beginn eines Schuljahres oder Schulhalbjahres benötigen Sie etwa 20 Minuten Zeit, um im Unterricht die Paarbildung abzusprechen.

Sozialform

Partnerarbeit

Stufe

Sekundarstufe I und II

Beschreibung

Je nach Gruppengröße wird jeder Schüler vier bis fünf Mitschülern verbindlich zugewiesen, mit denen er in unterschiedlichen Paarungen während Partnerarbeitsphasen über einen längeren Zeitraum (Wochen oder Monate, je nach Tragfähigkeit der Paarungen) zusammenarbeitet. Dazu wählen die Schüler für jeden Wochentag einen unterschiedlichen Partner, mit dem sie zusammenarbeiten möchten. Diese Namen halten die Schüler auf einem Notizzettel fest. Wichtig dabei ist, dass die jeweiligen „Verabredungen" von jeweils zwei Schülern wechselseitig festgelegt werden.

Meine fünf Verabredungen	Mein Name: Emilia
Montag	Tim
Dienstag	Michael
Mittwoch	Linnea
Donnerstag	Nadine
Freitag	Lilli

Anschließend werden die Zettel eingesammelt und zwei Schüler oder Sie erstellen eine tabellarische Übersicht, die wie folgt aussehen kann:

	Montag	**Dienstag**	**Mittwoch**	**Donnerstag**	**Freitag**
Emilia	Tim	Michael	Linnea	Nadine	Lilli
Frank	*Joker*	Karla	Mathis	Lukas	Charlotte
Hanna	Lukas	Tim	Nadine	*Joker*	Klara
...	...	...	...	...	...

Wenn die Zahl der Schüler in der Klasse oder Lerngruppe ungerade ist, so erhält der übrig bleibende Schüler einen „Joker". Dieser Schüler darf dann bei der betreffenden Verabredung selbst entscheiden, welchem Zweier-Team er sich bei einer Gruppenarbeit anschließt bzw. ob er für einen fehlenden Mitschüler einspringt. Wenn die Liste vollständig erstellt ist, ist es empfehlenswert, die komplette Übersicht im Klassenzimmer oder Fachraum gut sichtbar auszuhängen. Die Schüler erhalten nun ihre Notizzettel zurück und bewahren sie auf, sodass der zeitliche und organisatorische Aufwand gering ist.
Sagt die Lehrkraft zu Beginn einer Partnerarbeitsphase, dass die Schüler beispielsweise mit ihrem Montag-Partner zusammenarbeiten sollen, so ist alles geklärt und jeder weiß, mit wem er zusammenzuarbeiten hat. Die Wochentagpartner-Methode hat den Vorteil, dass Schüler mit wechselnden Partnern zusammenarbeiten lernen. Gleichzeitig ergeben sich durch das Zusammenfinden der Paare zwischendurch immer auch kleine Bewegungsphasen.

Tipps

- Nutzen Sie für die Festlegung der Verabredungen möglichst einen Tag, an dem alle Schüler der Klasse bzw. des Kurses anwesend sind.
- Achten Sie darauf, dass kein Schüler mehrere Joker hat.
- Führen Sie für sich eine Liste, wie oft welche Verabredungen in der vergangenen Zeit zum Tragen kamen.

Varianten

- Sie können die Übersicht mit den Verabredungen auch Ihren Kollegen, die in der Klasse andere Fächer unterrichten, aushändigen und darum bitten, bei der Partnerarbeit wie Sie zu verfahren.
- Statt Wochentagen können Sie auch Uhrzeiten (8.00 Uhr, 9.00 Uhr usw.) wählen („Uhrzeitplaner").

→ Zoomen

Ziele der Methode

- Fokussieren der Aufmerksamkeit auf das biologische Unterrichtsthema
- Aktivieren des Schülervorwissens über biologische Objekte oder Phänomene
- Verbalisieren biologischer Sachverhalte und Prozesse
- Nutzen biologischer Strukturen und Begriffe zur Problemlösung
- Fördern des divergenten Denkens und Verbalisierens

Einsatzmöglichkeiten

Sie können die Methode in ganz unterschiedlichen Unterrichtsphasen einsetzen, um eine bestimmte biologische Thematik ins Zentrum des Unterrichts zu rücken. Die Methode dient aber auch der Förderung der Aufmerksamkeit und damit einem erfolgreichen Klassenmanagement, das Voraussetzung für eine notwendige kognitiv-emotionale Verarbeitungstiefe und somit für erfolgreiches Lernen ist.

Material

Beamer mit PC (alternativ: interaktive Whiteboard oder OHP); vergrößerter Ausschnitt eines Versuchs, eines Fotos oder eines biologischen Objekts (z. B. von Pro- oder Eukaryonten, ggf. vergrößert); ggf. 5–10 zunehmend engere Hinweise als Tipps für die Schüler (Beispiel s. S. 9)

Vorbereitung

- Bild(ausschnitt) für PC / Beamer, interaktive Whiteboard bzw. OHP vorbereiten
- Ggf. 5–10 Tipps/Hinweise ausformulieren und auf PC (PowerPoint) bzw. OHP-Folie bereithalten

Sozialform

Plenum

Stufe

Sekundarstufe I und II

Beschreibung

Sie präsentieren ein Bild als nonverbalen bzw. stummen Impuls. Wählen Sie ein Bild bzw. einen Bildausschnitt, bei dem nicht gleich auf den ersten Blick klar ist, um welches biologische Phänomen es sich handelt.

Fordern Sie die Schüler auf, sich zum Bild zu äußern und Ideen zu entwickeln, zu welchem biologischen Phänomen der Bildausschnitt passen könnte.
Ideal ist es, wenn die Schüler es gewohnt sind, sich gegenseitig aufzurufen. Ferner sollten Sie darauf achten, dass die einzelnen Schüler beim Äußern eigener Ideen möglichst Bezüge zu den Ideen der anderen Schüler herstellen.

Tipps

- Üben Sie das Verfahren immer wieder mit der Klasse. In unteren Klassen kann das Aufrufen von Mitschülern unterstützt werden, indem dem aufgerufenen Schüler ein weicher Ball zugeworfen wird, den der betreffende Schüler erst fangen muss, bevor er seine Idee äußern kann.
- Es ist empfehlenswert, dass jeder Schüler zunächst nur eine Idee äußern und die Vermutung begründen kann.
- Achten Sie darauf, dass die Ideen von Mitschülern möglichst konstruktiv mit in die Argumentationskette aufgenommen werden.

Variante

Sie können die Zugehörigkeit des Bildes zunächst ohne Kommentar erraten lassen. Kommen die Schüler nicht auf die Lösung, so können Sie Tipps geben (s. die Hinweise im folgenden Beispiel zur Zellteilung auf S. 9).

Bildausschnitt zum Thema „Zellteilung (Mitose)"

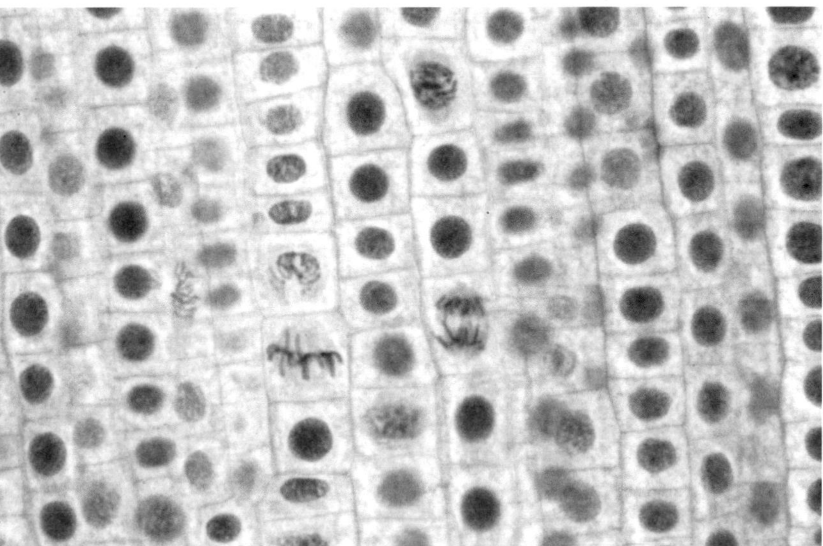

© Shutterstock / Rattiya Thongdumhyu

Abb.: Wurzelspitze mit verschiedenen Mitose-Stadien (mikroskopisches Bild)

Tipps zur Eingrenzung der biologischen Thematik

Tipp 1: Dieses Phänomen gibt es bei allen Eukaryonten.
Tipp 2: Mit bloßem Auge ist das Phänomen nicht zu erkennen.
Tipp 3: Ist das Präparat angefärbt, so ist das Phänomen besser erkennbar.
Tipp 4: In bestimmten Bereichen wie beispielsweise Wurzelspitzen, Haarwurzeln und verletzten Hautregionen ist das Phänomen sehr intensiv erkennbar.
Tipp 5: Auch wir Menschen verdanken diesem biologischen Phänomen, dass sich unser Körper aus einer befruchteten Eizelle entwickeln konnte.
Tipp 6: Chromosomen sind für das Phänomen unverzichtbar.
Tipp 7: Aus einer … *(Zelle)* werden schließlich zwei … *(Zellen)*, das Ganze nennt man … *(Zellteilung)*.

→ Placemat

Ziele der Methode
- Beteiligung möglichst aller Schüler
- Sammeln von Gedanken/Ideen/Fragen zu einem Thema
- Aktivieren des biologischen Vorwissens
- Verbalisieren biologischer Sachverhalte
- Nutzen fachsprachlicher Termini

Einsatzmöglichkeiten
- An jedem didaktischen Ort (Einstieg, Problemfindung, Problemstellung, Hypothesenbildung, Problemklärung, Sicherung/Anwendung/Transfer von Erkenntnissen)
- Bei fast allen biologischen Themen

Material
Placemat-Vorlagen (s. S. 12)

Vorbereitung
Jeweils vier (bzw. drei bis fünf) Schüler benötigen eine Vorlage (DIN-A3-Bogen), die von der Lehrkraft in entsprechender Zahl vorbereitet ist. Halten Sie auch Bogen für Dreier- bzw. Fünfer-Gruppen bereit, falls die Anzahl der Schüler nicht durch vier dividierbar sein sollte.

Sozialform
Kleingruppen

Stufe
Sekundarstufe I und II

Beschreibung
Die Placemat-Methode ist sehr gut geeignet, um Fragen, Vorwissen, Ideen oder Meinungen einer Gruppe zu einem bestimmten Thema (beispielsweise „Artgerechte Tierhaltung", „Infektionskrankheiten", „Grippeschutzimpfung – ja oder nein?" „Krebs" oder „Fossilien – Beweise für die Evolution?") schriftlich zu sammeln, zu ordnen oder zu vertiefen.
Dazu setzen sich die Schüler in der Regel zu viert (bzw. zu dritt oder zu fünft) an einen Tisch, legen den Bogen (s. Abb. auf S. 12) auf den Tisch und notieren dann gut lesbar in einem ersten Schritt – je nach Aufgabenstellung – Gedanken, Fragen, Assoziationen, Vorwissen, Meinungen etc. zum Thema im jeweiligen

Viertel des Blattes. Das biologische Rahmenthema wird am Rande des Blattes groß und deutlich notiert und ist so für alle Schüler gut sichtbar; das innere Oval bleibt zunächst frei und ist ein Platzhalter, der an späterer Stelle inhaltlich gefüllt wird. In einem zweiten Schritt (beispielsweise nach zwei Minuten) wird der Bogen im Uhrzeigersinn um ein Viertel gedreht, sodass jeder Schüler nun die Notizen seines Sitznachbarn vor sich hat. In dieser zweiten Phase werden die Notizen im jeweiligen „Blattviertel" vom davor sitzenden Schüler leise gelesen, ergänzt und ggf. schriftlich kommentiert. In weiteren Schritten wird der Bogen weitergedreht und die Notizen werden immer weiter ergänzt, sodass sich immer mehr Informationen auf dem Blatt befinden.

Das Weiterreichen der „Viertel" wird so lange fortgesetzt, bis der Lehrer den Eindruck hat, dass bei diesem „stillen Schreibgespräch" keine weiteren Informationen mehr hinzukommen. Während dieser Phasen sprechen die Schüler nicht miteinander, das heißt, sie konzentrieren sich auf die Lese-, Interpretations- und Schreibphase.

Mit den Informationen auf den Placemat-Bogen kann ganz unterschiedlich verfahren werden. In der Regel bietet sich folgende Fortsetzung an: Die Gruppen werden gebeten, sich auf beispielsweise maximal fünf Punkte (z. B. fünf Fragen zu „Allergien", fünf Begriffe zum Thema „Gentechnik") zu einigen und diese dann im Oval in der Blattmitte zu notieren. Diese „kondensierten", im Diskurs gefundenen Gruppenergebnisse können dann im Plenum vorgestellt werden.

Tipps

- Bei der Einführung der Placemat-Methode sollten Sie die neue Methode mittels Skizze an der Tafel gut erklären: Die Schüler bleiben auf ihrem Platz sitzen, nur das Blatt wird weitergedreht etc.
- Die erste Phase sollte erfahrungsgemäß etwas länger sein als die anschließenden Phasen; diese können sukzessive verkürzt werden, da ab der zweiten Drehung meist weniger Gedanken hinzukommen.
- Um die Kommentare der einzelnen Schüler offenzulegen, ist es empfehlenswert, dass jeder Schüler einer Kleingruppe mit einem anderen Stift (z. B. Kugelschreiber, Bleistift) oder einer anderen Farbe schreibt.
- Werten Sie nach Abschluss die Methode mit den Schülern aus, z. B.: Was war das Ziel? Was klappte (sehr) gut? Welche Probleme tauchten auf? Was ist beim nächsten Einsatz der Methode zu beachten?

Material

Vorlage für eine Placemat (Vierergruppe)

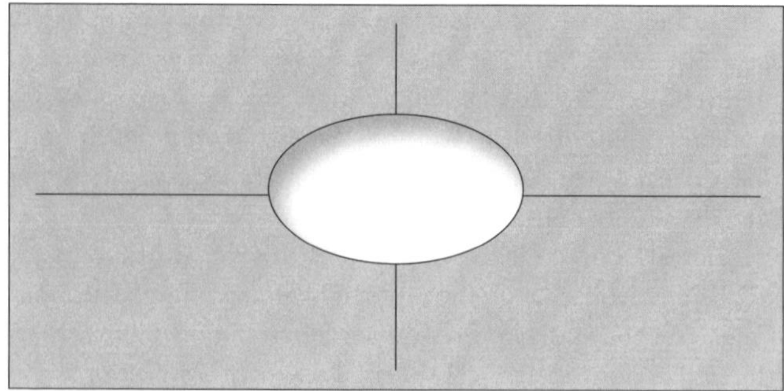

Beispiel für mögliche Schülerfragen zum Thema „Krebs – unsere Fragen"

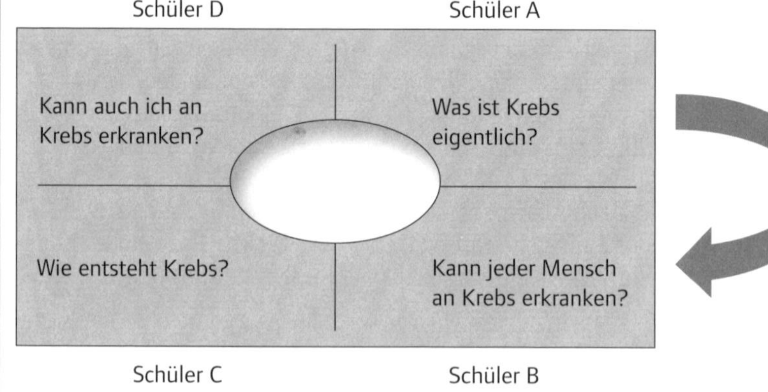

→ Dalli-Klick

Ziele der Methode

Die Methode hat zum Ziel, dass die Lernenden

- auf die Thematik der Unterrichtsstunde eingestimmt werden,
- sich auf die biologische Unterrichtsthematik konzentrieren,
- genau hinsehen lernen,
- in ihrer Aufmerksamkeit gefördert werden,
- ihr biologisches Vorwissen aktivieren,
- sich im konvergenten und divergenten Denken üben,
- aufgefordert werden, eigene Ideen zu verbalisieren,
- sich in ihrer Unterschiedlichkeit in den Unterricht einbringen.

Die Methode leistet einen wesentlichen Beitrag zur Schaffung eines guten Arbeits- und Klassenklimas, in dem die Integration aller gefördert wird.

Einsatzmöglichkeiten

Die Methode eignet sich insbesondere als Unterrichtseinstieg in eine Biologiestunde, um in der Klasse bzw. Lerngruppe eine konzentrierte Aufmerksamkeit zu erreichen.

Material

Bild, Skizze, Karikatur etc.; OHP, Beamer oder Flexcam; Abdeckpuzzleteile

Vorbereitung

Sie präparieren die Abbildung (z. B. Wolfsrudel, Kind im Rollstuhl, FSME-Verbreitungskarte, Regenwaldzerstörung) so, dass diese mit 10–20 Puzzleteilen (z. B. Haftzetteln) abgedeckt ist; die Puzzleteile müssen einzeln abnehmbar sein.

Sozialform

Plenum

Stufe

Sekundarstufe I und II

Beschreibung

Sie sorgen für konzentrierte Aufmerksamkeit, die nötige Ruhe und geben den Hinweis, dass jeder für sich geistig arbeitet und niemand in die Klasse hineinrufen darf. Präsentieren Sie (z. B. per OHP oder mittels Beamer) die Abbildung der Klasse zunächst so, dass von der Abbildung nichts bzw. kaum etwas erkennbar ist. Nun wird Puzzleteil für Puzzleteil von der Abbildung entfernt, bis schließlich fast keine Puzzleteile mehr übrig sind und die Abbildung relativ deutlich erkennbar ist. Haben verschiedene Schüler ihre Vermutungen geäußert, werden alle Abdeckteile entfernt und die Schüler können überprüfen, ob die eigenen Vermutungen korrekt waren.

Tipps

- Wählen Sie eine Abbildung, die gut für die betreffende Klasse geeignet, aber auch nicht zu einfach ist.
- In den unteren Klassenstufen sollten Sie nicht zu viele Abdeckteile wählen.
- Legen Sie klare Regeln fest (Ruhe, nicht dazwischen rufen etc.).
- Legen Sie zunächst die abgedeckte Abbildung auf und schalten Sie erst im nächsten Schritt den OHP oder Beamer ein.
- Nehmen Sie zunächst randständige Abdeckteile ab, die auch in eine völlig andere Richtung denken lassen.
- Geben Sie den Schülern nach Abnehmen etwa eines Drittels der Abdeckteile eine Denk- und Schreibpause mit dem Hinweis: „Notiert, um welche Pflanze / welches Ökosystem / welches Fossil / welchen ökologischen Prozess es sich handeln könnte." Lassen Sie einzelne Vermutungen äußern, werten Sie aber nicht.
- Wiederholen Sie die Denk- und Schreibpause nach zwei Dritteln der abgenommenen Teile.
- Sind alle Puzzleteile entfernt, bietet es sich an, im Plenum oder in Kleingruppen zu besprechen, welche Kenntnisse oder Fragen zum Thema vorhanden sind.

Varianten

- Sie können den Schülern auch die vorbereitende Hausaufgabe aufgeben, selber eine Dalli-Klick-Phase vorzubereiten.
- Sie können auch ein möglichst großes Bild (z. B. *Tyrannosaurus rex*, elektronenmikroskopisches Bild einer Pflanzenzelle oder Schichten der Erdatmosphäre, s. S. 15) in so viele Teile zerschneiden, wie Schüler in der Klasse sind. Die Klasse hat nun die Aufgabe, das Bild korrekt zu legen (z. B. auf mehreren Tischen), und jeder Schüler sagt anschließend im Plenum einige Sätze bzw. Fragen zu der Thematik seines Puzzleteiles.

Beispielbild zum Einstieg in die Thematik „Treibhauseffekt“

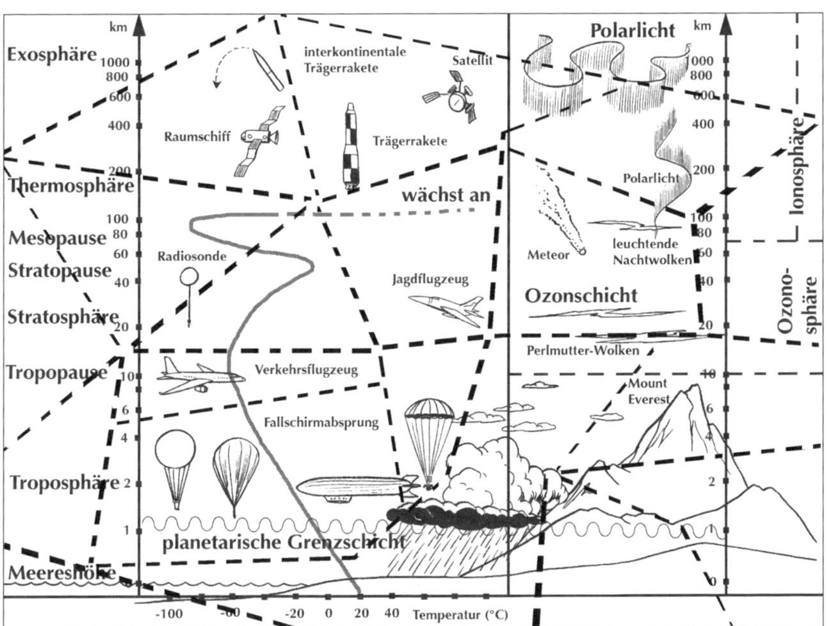

Abb.: Schichten der Erdatmosphäre, mit Puzzleteilen zum Abdecken (Dalli-Klick) oder zum Zusammenlegen.

Erwin Graf · Das schnelle Methoden 1x1 Biologie. Illustration: Steffen Jähde

→ Buchstabenpuzzle

Ziele der Methode

- Üben von biologischen Fachbegriffen
- Fördern des korrekten Schreibens von Fachbegriffen
- Konzentrationsförderung, Fokussieren der Aufmerksamkeit
- Sichern wichtiger Fachbegriffe nach einer Unterrichtseinheit
- Wiederholung, Anwendung, Vertiefung und Transfer von Sachverhalten

Einsatzmöglichkeiten

Die Methode eignet sich sowohl als Unterrichtseinstieg als auch zum Einüben von Fachbegriffen (auch vor Lernzielkontrollen bzw. Klassenarbeiten).

Material

Interaktive Whiteboard; alternativ Buchstabenkärtchen von A bis Z (von jedem Buchstaben mehrere Kärtchen bereithalten) und Magnete

Vorbereitung

Sie wählen entsprechend der Unterrichtsthematik die zentralen Begriffe aus und bringen damit das Thema auf den Punkt.

Sozialformen

Einzel- oder Partnerarbeit, Plenum

Stufe

Sekundarstufe I und II

Beschreibung

Die Methode nutzt einerseits das Vorwissen der Schüler, andererseits nimmt sie auch auf die unterschiedlichen Vorkenntnisse Rücksicht und lenkt den Blick auf eine zentrale Thematik, die es zu bearbeiten gilt bzw. die erarbeitet wurde und vertieft werden soll.

Sie wählen einen zentralen Begriff aus (Beispiele s. S. 18 oben) und notieren beispielsweise an der interaktiven Whiteboard die entsprechenden Buchstaben (Tipp: ausschließlich Großbuchstaben verwenden). Sollte keine Whiteboard zur Verfügung stehen, so können Sie Buchstabenkärtchen mithilfe eines ablösbaren Klebers oder mit Magneten an der Wandtafel befestigen. Nun bitten Sie die Schüler, die Buchstaben so umzuordnen, dass der biologische Fachbegriff in korrekter Schreibweise erscheint.

Derartige Aufgabenformen empfinden viele Schüler als recht motivierend und spannend; gleichzeitig stimmen solche Aufgaben auf die zentrale biologische Unterrichtsthematik ein.

Tipps

- Sie können alle Buchstaben in beliebiger Abfolge anheften.
- Wählen Sie die Buchstabenfolge so aus, dass das Leistungsvermögen der Klasse bzw. Lerngruppe auch gut getroffen wird.
- Wenn Sie gleiche Vokale und Konsonanten direkt hintereinander setzen, so ist dies besonders schwierig für die Schüler.
- Den Schwierigkeitsgrad können Sie leicht erhöhen, wenn Sie beispielsweise einige oder alle Vokale weglassen.

Varianten

- Sie können einen Begriff verschlüsseln und (in Einzel- oder Partnerarbeit) entschlüsseln lassen oder auf einem Arbeitsblatt (Beispiel s. S. 18 unten) verschiedene Schüttelwörter vorgeben und diese (in Einzel- oder Partnerarbeit) entschlüsseln lassen.
- Als einfache Variante können Sie statt mit Buchstaben auch mit Silben arbeiten, die vertauscht sind (Differenzierung bzw. Individualisierung).

Material

Mögliche Beispiele für zentrale Begriffe, die sich zum Verschlüsseln eignen:

- HUNDERASSEN
- FOTOSYNTHESE
- IMMUNISIERUNG
- HETEROSISEFFEKT
- GENREGULATION
- GENTECHNOLOGIE
- EVOLUTIONSTHEORIEN

Buchstabenpuzzle zum Thema „Blut"	
Buchstabenpuzzle des Fachbegriffs	**Lösungswort**
N E P P U R G T U L B	
U K R L E F U L B S A I T	
M E T S Y S S S E A F E G T U L B	
O K Z Y T U E N E L	
R E N T Y R Y H O T E Z	
N E T Y Z O O B M H R T	
T L U B G I E R N N N U G	
S U S E H R R O T K A F	
T I E H K N A R K R U T E L B	
N O I S U F T U L B T A S R N	

Lösung: Blutgruppen; Blutkreislauf; Blutgefäßsystem; Leukozyten; Erythrozyten; Thrombozyten; Blutgerinnung; Rhesusfaktor; Bluterkrankheit; Bluttransfusion

→ Brainstorming

Ziele der Methode

Beim Brainstorming sollen originelle Gedanken und Ideen zu biologischen Themen und Fragestellungen bei den Schülern abgerufen werden. Dadurch können das unterschiedliche biologische Vorwissen der Schüler und die besondere Sichtweise auf eine biologische Problematik bzw. Thematik deutlich sichtbar werden.

Einsatzmöglichkeiten

Die Methode eignet sich insbesondere:

- für die Einstiegsphase in eine bestimmte Unterrichtsthematik, z. B. „Haustiere", „Impfungen" oder „Chromosomen",
- um unterschiedliche Sichtweisen auf eine biologische Thematik wie beispielsweise „pränatale Diagnostik" oder „Gentechnik" deutlich werden zu lassen,
- um die Lernenden zu ermutigen, kreative und originelle Gedanken und Ideen in den Unterricht einzubringen, etwa zum Thema „Ernährungstrends heute",
- für eine zusammenfassende Unterrichtsphase, in der die verschiedenen Schüler ihren besonderen Blick auf eine Sache wie etwa „ökologische Verantwortung" verbalisieren können.

Material

–

Vorbereitung

Wählen Sie einen prägnanten biologischen Begriff bzw. Sachverhalt aus, um diesen anschließend zu präsentieren bzw. zu visualisieren.

Sozialformen

Plenum, Gruppenarbeit

Stufe

Sekundarstufe I und II

Beschreibung

Damit die Methode „Brainstorming" erfolgreich eingesetzt werden kann, sollten verschiedene Regeln vereinbart sein:

- Jeder Gedanke bzw. jede Idee ist willkommen – gerade auch ganz ungewöhnliche Ideen.

- Die Ideen werden spontan (im Plenum oder in einer Kleingruppe) geäußert. Im Idealfall beziehen die Teilnehmer die Gedanken der anderen mit ein und entwickeln diese weiter.
- Es findet keine Wertung der geäußerten Gedanken und Ideen statt – weder durch die Lehrperson noch durch die Lernenden.

Tipps

- Legen Sie klare Regeln fest, bevor Sie die Methode einsetzen.
- Verdeutlichen Sie die Methode an einem einfachen Beispielthema.
- Nehmen Sie sich bei der Methode als Lehrperson deutlich zurück und beauftragen Sie einen Schüler mit der Organisation des Brainstormings.
- Halten Sie die Gedanken der verschiedenen Schüler (möglichst mit Namen) fest bzw. lassen Sie die Ideen durch Mitschüler festhalten (z. B. an der Wandtafel oder Flipchart).
- Nehmen Sie sich für die Methode nicht zu viel Zeit (ca. fünf bis zehn Minuten sollten reichen), beherzigen Sie die Regel: „Weniger ist mehr".

Varianten

- *Brainwriting:* Die Ideen/Gedanken werden von den Teilnehmern zunächst schriftlich fixiert, bevor sie in der Gruppe bzw. im Plenum vorgetragen werden. Dieses Verfahren ist vor allem für zurückhaltende Teilnehmer bzw. für Gruppen geeignet, in denen es leicht zu Spannungen kommt.
- *Brainwalking:* Die Schüler bewegen sich im Raum und notieren ihre Gedanken auf Plakaten mit unterschiedlichen Unterthemen einer zentralen Thematik (Beispiel „Gentechnik": Chancen der Gentechnik, Gefahren der Gentechnik, Anwendungsfelder der Gentechnik, meine Fragen zur Gentechnik etc.).
- *Clustering:* Sie können die geäußerten Gedanken für ein Cluster bzw. die Erstellung einer Mindmap nutzen, um die Ideen gut zu strukturieren (s. S. 21).

Material

Beispiel einer Mindmap zum Thema „Gentechnik“

Chancen

Risiken

Gentechnik

Fragen zum Thema

Anwendungsfelder

...

→ Ich-Du-Wir

Ziele der Methode

Die aus dem kooperativen Lernen (Norm Green) stammende Methode ist auch für den Biologieunterricht sehr gut geeignet. Sie

- ermöglicht es, dass alle Schüler sich in den Biologieunterricht einbringen können,
- aktiviert das biologische Vorwissen der verschiedenen Schüler,
- gibt den Schülern zunächst die Gelegenheit, im geschützten Raum Gedanken, Ideen und Assoziationen zu äußern,
- ermöglicht qualitativ hochwertige Ergebnisse,
- erlaubt es, dass sich die Beiträge im Plenum gut ergänzen, aber auch Gemeinsamkeiten der verschiedenen Schülergruppen sichtbar werden.

Einsatzmöglichkeiten

Die Methode, in ihrer Grundform auch als „Murmelgespräch" bezeichnet, ist in allen Klassenstufen geeignet. Nahezu jeder Arbeitsauftrag im Biologieunterricht kann mittels dieser Methode umgesetzt werden.

Material

–

Vorbereitung

–

Sozialformen

Einzel- und Partnerarbeit, Plenum

Stufe

Sekundarstufe I und II

Beschreibung

Mittels dieser Methode wird auch ruhigeren oder weniger leistungsstarken Schülern ausreichend Zeit zum Nachdenken gewährt, da sie zunächst die Aufgabe haben, eine Thematik (beispielsweise „Reflexe" oder eine Aussage wie „Nachts sind alle Katzen grau") aus verschiedenen Blickrichtungen zu durchdenken und einige Punkte schriftlich zu formulieren (Ich-Phase). Diese Punkte (z. B. Thesen, Gedanken etc.) werden nun mit einem Partner besprochen, abgeglichen, diskutiert und ergänzt (Du-Phase).

Dadurch wird das Ergebnis angereichert und verbessert. Auf diese Weise werden die Schüler sicherer und lernen auch, von anderen zu lernen und deren Sichtweise wahrzunehmen.
Anschließend werden die gesammelten und ggf. gewichteten Ergebnisse in kondensierter Form ins Plenum eingebracht (Wir-Phase).

Tipps

- Murmelgespräche (zweite Phase) fördern ein positives Klassenklima, insbesondere dann, wenn sie zu einem Ritual in der Klasse werden. Deshalb: Fördern Sie gezielt den Austausch zwischen den Gesprächspartnern und das Bedürfnis der Schüler, sich über ein bestimmtes Thema auszutauschen.
- Sie können die Murmelgespräche auch unterstützen, indem Sie Stichworte zur Orientierung bzw. als Leitfaden in die Partnergespräche eingeben.
- Lassen Sie den Schülern in der Ich-Phase ausreichend Zeit zur Aktivierung des Vorwissens und zum Nachdenken.

Varianten

- Murmelgespräche können Sie auch einbauen, um Fragen bzw. Ergebnisse zu vergleichen und zu diskutieren.
- Die Methode „Ich-Du-Wir" können Sie auch nutzen, um eine die Unterrichtsthematik vertiefende Hausaufgabe zu besprechen. Dabei entspricht die Ich-Phase der erledigten Hausaufgabe, die Du-Phase dem Murmelgespräch und die Wir-Phase der Präsentation und Besprechung im Plenum.
- Mithilfe der Methode können auch erarbeitete Sachverhalte gegen Ende einer Stunde im Austausch mit einem Partner gesichert bzw. noch offene Fragen gemeinsam besprochen werden.

Material

Beispielaufgaben:

- Soll ich mir ein Haustier zum Geburtstag wünschen?
- Organspende – eine Bürgerpflicht!?
- Pränatale Diagnostik: Diagnose „Trisomie 21" – und dann?

→ Pro-Kontra-Gespräch

Ziele der Methode

Mithilfe dieser Methode lernen die Schüler,

- sich im Dialog über ein bestimmtes biologisches Thema auszutauschen,
- gute Fragestellungen und Argumentationsstrategien anzuwenden,
- sich in eine andere Rolle oder Position hineinzuversetzen (Empathiefähigkeit) und eine andere Position als die eigene zu vertreten (Rollendistanz),
- Fachbegriffe (z. B. Fotosynthese, Zellatmung, Reduplikation der DNA) zielführend einzusetzen,
- auch komplexe Sachverhalte (z. B. Nahrungsnetze, Immunisierung, Selektionsmechanismen, Ökobilanzen) zunehmend besser zu beurteilen.

Einsatzmöglichkeiten

Pro-Kontra-Gespräche – ob als Partner- oder als Kleingruppenarbeit – lassen sich bei fast allen Themen und in allen Klassenstufen gewinnbringend einsetzen, um einerseits Ideen und Positionen geschützt auszutauschen und andererseits die Schüler darauf vorzubereiten, Positionen fundiert zu vertreten und auch in größeren Gruppen zu präsentieren.

Material

Ggf. Argumentationskarten (s. S. 26)

Vorbereitung

Ggf. Argumentationskarten in ausreichender Kopienzahl bereithalten

Sozialformen

Partner- oder Kleingruppenarbeit

Stufe

Sekundarstufe I und II

Beschreibung

Pro-Kontra-Gespräche geben den Schülern die Möglichkeit, sich im geschützten Raum in der biologischen Fachsprache zu üben und zu lernen, sich mit verschiedenen Positionen kritisch-konstruktiv auseinanderzusetzen.
Ausgangspunkt für ein Pro-Kontra-Gespräch ist idealerweise ein „Fall" (z. B. Schwangerschaft mit pränataler Diagnose Trisomie 21), ein „Problem" (z. B. Vogelfütterung im Winter), eine provokative These (z. B. „Jeder Zweite trinkt zu viel") oder eine Dilemmasituation (z. B. „Gentechnik in der Pflanzen- und

Tierzüchtung"), die sich aus dem „biologischen Alltag" oder einer konkreten Unterrichtsthematik ergibt. Geben Sie ggf. eine oder mehrere Thesen vor bzw. lassen Sie zunächst Argumentationslisten (s. S. 26) ergänzen, bevor das Pro-Kontra-Gespräch in Paaren oder Kleingruppen mit verteilten Rollen geführt wird. Sie können die Schüler selbst wählen lassen, welche Position sie vertreten möchten, oder ihnen eine Rolle zuteilen.

Tipps
- Idealerweise sollte bei dem Pro-Kontra-Gespräch ein „stiller Beobachter" mit dabei sein, der nach dem Gespräch Rückmeldungen gibt und so die Metakommunikation fördert.
- Geben Sie einzelnen Schülerpaaren bzw. -gruppen die Möglichkeit, sich dem Plenum zu präsentieren.

Variante Pro-Kontra-Gespräche lassen sich gut einsetzen, um eine Pro-Kontra-Diskussion in der Klasse vorzubereiten. Dabei üben die Schüler, frei zu sprechen und Fachbegriffe, Argumentationsstrategien etc. geschickt zu nutzen, um diese dann im Plenum zielführend anzuwenden.

Material

Mögliche Themen:
Hund als Haustier – ja oder nein?
Monokulturen in der Landwirtschaft – Chancen und Risiken
Evolutionstheorie oder Schöpfungsbericht – was soll gelten?

Material

Argumentationskarte: Hund als Haustier – ja oder nein?

Finde Pro- und Kontra-Argumente und ergänze die beiden Listen.

PRO Hund als Haustier

- Hund ist anhänglich und wird zum „Freund"
- Freude im Umgang mit einem Hund
- viel Bewegung im Freien mit dem Hund
- Verantwortung übernehmen
- ...

KONTRA Hund als Haustier

- bei Wind und Wetter muss man raus
- Kosten für Hundesteuer, Impfungen, Futter usw.
- Hundekot „an jeder Ecke"
- Tierhaarallergien
- ...

→ Partnerinterview

Ziele der Methode

Die Methode erlaubt es, dass

- ein Schüler sich in die Rolle des „interessiert Fragenden" begibt und ein Partner in die Rolle des „Experten",
- sich die Lernenden auf Sachverhalte, Frage- und Problemstellungen, die im Biologieunterricht anstehen und zu klären sind (Beispiel: „Was interessiert dich am Thema Vogelzug/Impfung/Gentechnik?"), einstellen können und eingestimmt werden,
- nach einer Unterrichtsthematik/-einheit wichtige Sachverhalte nochmals verbalisiert, vertieft besprochen und systematisiert werden können,
- am Ende einer Unterrichts(doppel)stunde wichtige Punkte wiederholt und gefestigt werden,
- Fachbegriffe eingeübt, Modelle angewandt und weitergehende Fragestellungen ermöglicht werden.

Einsatzmöglichkeiten

Die Methode ist in allen Klassenstufen an ganz unterschiedlichen Orten einsetzbar, beispielsweise zu Beginn einer Unterrichtseinheit/-stunde, am Ende einer Versuchsreihe oder am Ende einer Lehr-Lern-Einheit.

Material

–

Vorbereitung

–

Sozialformen

Partner- oder Kleingruppenarbeit

Stufe

Sekundarstufe I und II

Beschreibung

Bei einem Partnerinterview nehmen zwei Schüler unterschiedliche Rollen ein. Einer der Schüler ist der „Fragende", der mehr wissen will, der andere ist der „Experte", der gerne sein Wissen an andere weitergibt.
Durch gezielte Fragestellungen (Beispiel: „Was ist denn Gentechnik?") und interessiertes Nachfragen (Beispiel: „Wo befinden sich die Plasmide? Haben alle

Lebewesen Plasmide und was ist das überhaupt?") lernen die Fragenden, gute Fragen zu einer Sache zu stellen, und erfahren so mehr über das Wissensgebiet. Die Experten müssen sich nicht nur auf die Fragen der Interviewer einstellen, sondern sind auch gefordert, ihr Wissen klar strukturiert und gut verständlich preiszugeben. „Interviewer" und „Experte" lernen so ganz Unterschiedliches und werden auf diese Weise auch zunehmend sicherer im Fragen bzw. im Antworten. Wenn nach wenigen Minuten die Rollen getauscht werden, können die Vorerfahrungen aus Interview 1 gewinnbringend in das Interview 2 einfließen und für beide Seiten fruchtbar werden.

Tipps

- Begrenzen Sie die Zeit für ein Partnerinterview auf drei bis fünf Minuten.
- Sie sollten nach wenigen Minuten die Rollen wechseln lassen (ggf. nach einem akustischen Signal), damit beide Partner als „Fragende" und „Experten" gefordert sind.
- Planen Sie auch eine Auswertung der Partnerinterviews (als Metakommunikation) ein, entweder in der Kleingruppe oder im Plenum, um Erfahrungen, Gelungenes, Erfreuliches, Verbesserungsvorschläge etc. auszutauschen.

Variante

Die Partnerinterviews können auch Vorstufe für eine Expertenbefragung, etwa zum Thema „Verbot von frei zugänglichen Zigarettenautomaten", sein.

→ Lerntempoduett

Ziele der Methode

Mittels dieser Methode kann erreicht werden, dass

- Differenzierungen in der Klasse insbesondere bei komplexen biologischen Sachverhalten wie „Blutgerinnung" und „genetischer Fingerabdruck" recht unkompliziert genutzt werden können,
- kaum Leerläufe nach einer Einzelarbeit, beispielsweise einer Mikroskopierübung zum Thema „Bakterien", entstehen,
- gleich schnell in Einzelarbeit arbeitende Schüler sich mit einem Partner gut austauschen können,
- kleine Bewegungsphasen die kognitive Arbeit unterbrechen,
- je nach Aufgabenstellung, Arbeitsgeschwindigkeit etc. verschiedene Schüler miteinander arbeiten und sich ergänzen können.

Einsatzmöglichkeiten

In allen Klassenstufen und bei allen Themen

Material

–

Vorbereitung

–

Sozialform

Partnerarbeit

Stufe

Sekundarstufe I und II

Beschreibung

Erklären und visualisieren Sie die Vorgehensweise bei der Methode Lerntempoduett:

- Aufgabenstellung abwarten.
- Aufgaben in Einzelarbeit zügig bearbeiten.
- Sobald ein Schüler mit den Aufgaben fertig ist, darf er aufstehen und warten, bis der nächste Schüler aufsteht und damit signalisiert, dass er ebenfalls fertig ist.

- Beide jetzt stehenden Schüler nehmen Blickkontakt auf, gehen leise an einen vorher festgelegten Ort (z. B. vor das Klassenzimmer), vergleichen ihre Ergebnisse und einigen sich auf ein Ergebnis bzw. formulieren noch offene Fragen.
- Offene Fragen, aufgetretene Probleme etc. werden von den beiden Schülern gemeinsam formuliert und dann in geeigneter Weise ins Plenum eingebracht.

Tipps

- Geben Sie klare Regeln für das Lerntempoduett vor und achten Sie darauf, dass beim Austausch der Ergebnisse in Partnerarbeit die übrigen noch an den Aufgaben arbeitenden Schüler möglichst wenig gestört werden.
- Lassen Sie die gemeinsamen Ergebnisse schriftlich festhalten und ggf. kurz präsentieren.
- Wählen Sie anfangs nicht allzu komplexe Aufgaben für die Einzelarbeit, sodass sich die Schüler in der Methode Lerntempoduett üben können.

Varianten

- Sie können auch als Regel vorgeben, dass jedes Lerntempoduett aus einem Mädchen und einem Jungen bestehen muss, sodass abwechselnde Partnerkonstellationen entstehen und ein Schüler mit dem Aufstehen nicht so lange wartet, bis sein Freund mit den Aufgaben fertig ist und aufsteht.
- Sie können die Methode Lerntempoduett auch gut mit anderen Methoden kombinieren (z. B. Textpuzzle, s. S. 44; Mikroskopieren, s. S. 46; Partnerkorrektur; s. S. 59). Lassen Sie die Schüler sich zunächst austauschen und ihre Ergebnisse dann mit Musterlösungen (die beispielsweise auf einem Lösungstisch ausliegen) vergleichen.

→ Ampelmethode

Ziele der Methode

- Sichern biologischer Fachbegriffe
- Vertieftes Verstehen biologischer Sachverhalte durch Förderung der Verarbeitungstiefe
- Klare Unterscheidung von biologischen Sachverhalten
- Sicherung, Anwendung, Vertiefung und Transfer biologischer Begriffe und Prozesse

Einsatzmöglichkeiten

Die Methode eignet sich als provokativer Einstieg in eine Biologiestunde, der das Frage- und Problembewusstsein fördert. Außerdem sichert und festigt sie einzelne Teilerkenntnisse sowie den Lernerfolg am Ende einer Unterrichtseinheit.

Material

Je ein rotes, gelbes und grünes Kärtchen pro Schüler

Vorbereitung

Die Lehrperson bereitet ca. zehn Aussagen vor, die nur mit ja (= grüne Karte), weiß nicht/bin mir unsicher (= gelbe Karte) und nein (= rote Karte) zu beantworten sind (Beispiel s. S. 33).

Sozialformen

Einzelarbeit, Partnerarbeit, Gruppenarbeit

Stufe

Sekundarstufe I und II

Beschreibung

Mittels der Ampelmethode können Meinungsbilder erhoben (z. B. zur Stammzellenforschung), Abstimmungen vorgenommen (z. B. zur Anwendung der Gentechnik), Interessen erkundet (z. B. über zu besprechende Haus-/Heimtiere) und Fachbegriffe und Sachverhalte gesichert und gefestigt werden (z. B. Fotosynthese).
Ziel ist es, „Abfragen“ schnell und zielorientiert durchzuführen, ohne dass der Einzelne verbal aktiv werden muss. Die Schüler halten als Antwort auf eine Frage oder als Reaktion auf eine Aussage lediglich die passende Karte hoch.
Der Umgang mit der Ampelmethode kann zu einem Ritual werden, wenn beispielsweise am Ende einer biologischen Unterrichtseinheit bzw. vor einer

Biologiearbeit das Gelernte nochmals gesichert und angewandt werden soll, ohne dass klassische Übungsaufgaben eingesetzt werden müssen.

Tipps

- Sie können einzelne Schüler, Schülerpaare oder Schülergruppen damit beauftragen, zu einem klar abgegrenzten biologischen Themengebiet (z. B. pflanzliche und tierische Zellen, Klassen der Wirbeltiere, Blütenpflanzen und Pflanzenfamilien, Blut und Herz, aktive und passive Immunisierung, AIDS, Molekulargenetik) eine bestimmte Anzahl von Aufgaben (mit Antworten) zu erstellen, die dann der Klasse bzw. Kursgruppe vorgestellt werden.
- Sie können die Aufgaben auch per Dokumentenkamera/Beamer bzw. OHP visualisieren und nach jeder Teilabstimmung die richtige Antwort besprechen bzw. vertiefen.
- Zu Beginn einer Unterrichtseinheit können Sie mittels Ampelmethode das „Vorwissen der Klasse“ abfragen, das Ergebnis Punkt für Punkt festhalten und nach Bearbeitung der Unterrichtseinheit die Kartenabfrage wiederholen, sodass die Schüler den „Lernfortschritt der Klasse“ deutlich erkennen.

Variante

Sie können auch nur mit grünen und roten Karten arbeiten, wenn Sie gezielt die Entscheidungsfähigkeit der Schüler fördern möchten. Hierfür eignen sich beispielsweise Aussagen wie: „In den Mitochondrien läuft die Fotosynthese bei grünen Pflanzen ab.“ Oder: „In der DNA sind die Basen Adenin und Thymin sowie Cytosin und Guanin im Verhältnis 1 : 1 vorhanden.“

Material

Aussagen zum Thema „Wirbeltiere"

	Aussage
1	Krokodile sind Wirbeltiere.
2	Alle Wirbeltiere haben Haare.
3	Der Blutkreislauf aller Wirbeltiere ist geschlossen.
4	Frösche haben Kiemenatmung.
5	Alle Reptilien legen ihre Eier im Wasser ab.
6	Alle Fische atmen durch Lungen.
7	Die fünf Wirbeltierklassen sind: Fische, Amphibien, Reptilien, Vögel, Säugetiere.
8	Die Knochen der Wirbeltiere bestehen aus Gips.
9	Im Gegensatz zu den Insekten haben Wirbeltiere ein Innenskelett.
10	Haie haben keine Schwimmblase.
11	...

Lösung: 1. richtig; 2. falsch; 3. richtig; 4. falsch; 5. falsch; 6. falsch; 7. richtig; 8. falsch; 9. richtig; 10. richtig

→ Kugellager

Ziele der Methode

- Fördern des Zuhörens, Abbau von Sprechhemmungen
- Schulen der Konzentrationsfähigkeit
- Fördern der biologischen Fachsprache
- Nutzen verschiedener Problemlösestrategien

Einsatzmöglichkeiten

Die Methode Kugellager ist in allen Klassenstufen und der Kursstufe einsetzbar, beispielsweise um

- Ideen auszutauschen,
- sich in andere hineinzuversetzen (Empathiefähigkeit trainieren),
- kommunikative Grundsituationen einzuüben, z. B. Gliederung für ein Referat vorstellen,
- längere Beiträge zu trainieren, z. B. Zwei-Minuten-Referate,
- Informationsaufnahme einzuüben, beispielsweise durch sinnstiftendes Vorlesen,
- einen strittigen Punkt anzudiskutieren,
- sich gegenseitig Hausaufgaben, Ergebnisse einer Einzel-, Partner- oder Gruppenarbeit etc. vorzustellen.

Material

–

Vorbereitung

Benötigt wird eine größere Fläche für zwei Stuhlkreise (bei Klassengröße 28 Schüler: zwei Kreise à 14 Schüler).

Sozialform

Partnerarbeit

Stufe

Sekundarstufe I und II

Beschreibung

Bei der Methode „Kugellager" befinden sich gleich viele Schüler in einem Außenkreis und in einem Innenkreis, das heißt, je zwei Schüler stehen oder sitzen sich gegenüber und sehen sich an. Auf ein Signal des Lehrers unterhalten die Paare sich eine festgelegte Zeit (z. B. eine Minute) zum vorgegebenen

Thema, dann rückt der Außenkreis im Uhrzeigersinn um einen (oder zwei) Partner weiter, sodass sich dann neue Schülerpaare gegenüberstehen bzw. -sitzen. Die neuen Paare tauschen sich dann wieder für beispielsweise eine Minute aus, rücken dann weiter etc. Der Lehrer kann sich sowohl im Innenkreis als auch außerhalb des Außenkreises befinden – je nachdem, was er beobachten und bei welchen Schülern er ggf. unterstützend eingreifen möchte.
Die Methode bringt nicht nur Abwechslung und Bewegung in den Biologieunterricht, sondern bietet auch die Chance, dass die Schüler sich nacheinander mit unterschiedlichen Mitschülern in einem relativ geschützten Raum über ein bestimmtes biologisches Thema austauschen und miteinander ins Gespräch kommen können. Für den Lehrer hat dies unter anderem den Vorteil, dass er die einzelnen Schüler(paare) gut beobachten und ggf. gezielt eingreifen kann, um den Dialog sachbezogen voranzubringen.

Tipps

- Ein Kugellager im Stehen ist meist schneller organisiert als ein Kugellager mit zwei Sitzkreisen. Letzteres lohnt sich in der Regel nur, wenn mindestens fünf bis zehn Minuten mit dieser Methode gearbeitet wird. Aber auch der Raum muss für zwei Stuhlkreise geeignet sein.
- Ein Kugellager im Stehen kann auch vor dem Biologie-Fachraum auf dem Flur stattfinden.
- Bei einer ungeraden Schülerzahl kann der Lehrer mit teilnehmen oder zwei Schüler sind „ein Partner“.
- Die Abstände sollten so sein, dass sich die Schüler möglichst wenig stören, aber gleichzeitig eine gute Verständigung möglich ist.
- Wenn Sie die Methode einüben, sollten Sie nach einigen Minuten eine Phase für die Metakommunikation einplanen.

Varianten

- Bei größeren Klassen können auch mehrere Kugellager-Kreise gebildet werden; auch können dann in den Kreisen verschiedene Themen besprochen werden.
- Ist nicht genügend Platz für Kugellager-Kreise vorhanden, so kann auch nach der „Reißverschluss-Methode“ vorgegangen werden: Statt in zwei Sitzkreisen sitzen sich die Schüler in zwei parallelen Reihen gegenüber, von denen eine nach Abschluss des Gesprächs jeweils einen Platz weiterrückt.

Material

Mögliche Themen:

Darstellen von Sachverhalten (monologisches Sprechen)

- Partner A spricht über ein bestimmtes Thema (Beispiele: „Angepasstheit des Eichhörnchens" oder „Erbschema zur Vererbung des Geschlechts beim Menschen") oder trägt die Hausaufgabe zu einem Thema vor (Beispiele: „Mein Haustier", „Pest" oder „Trisomie 21"), während B zuhört. Anschließend werden die Rollen getauscht. Zum Abschluss geben sich die beiden Partner gezielte Rückmeldungen.
- Partner A stellt Partner B einen bestimmten Sachverhalt (Hausaufgabe, zentrale Fachbegriffe) vor, während Partner B zuhört und dann Rückfragen stellt. Danach werden die Rollen getauscht. Anschließend geben sich die Partner ein konstruktives Feedback.

Diskurs (dialogisches Sprechen)

- Zwischen den Partnern A und B findet ein Dialog oder ein Meinungsaustausch zu einem konkreten Thema (z. B. „Soll ich mir ein Haustier wünschen?") statt.
- Partner A und B besprechen gemeinsam eine Aufgabe (Beispiele: Entwerfen einer Vergleichstabelle zum Thema „Aktive und passive Immunisierung" oder „Bakterien und Viren").
- Eine gemeinsam zu lösende Aufgabe (Beispiel: Fließdiagramm zur Blutgerinnung) wird von beiden Partnern dialogisch besprochen und dann in eine Skizze/Tabelle/Karikatur umgesetzt.

Hilfestellung für die Schüler zum Thema „Eichhörnchen"

Schüler A (gibt sein Wissen zum Thema zum Besten):
Innerhalb des Tierstamms der Wirbeltiere gehört das Eichhörnchen …
Besondere Anpassungen des Eichhörnchens sind beispielsweise …
Das Eichhörnchen ernährt sich von …
Feinde des Eichhörnchens …

Schüler B (ist kritischer Gesprächspartner):
Eichhörnchen sind zwar niedlich, aber sie fressen …
Ich als Vogelschützer …

→ Stationenlernen

Ziele der Methode

- Stärkung der Selbstständigkeit und Eigenverantwortung
- Zutrauen und Einfordern von Leistungen der Lernenden
- Fördern der Sach- und Fachkompetenz und der methodisch-strategischen, sozial-kommunikativen und personalen Kompetenz
- Einüben biologischer Fachbegriffe sowie fachorientierter kommunikativer Austausch
- Individualisierung und Differenzierung
- Nutzung von Medien, die in der Regel nur in einem Exemplar in der Bio-Sammlung vorhanden sind (z. B. Torso, Skelett des Menschen, Gelenkmodelle, Rotationsverdampfer, Oszilloskop, DNA-Demonstrationsmodell, Funktionsmodell Neuron)

Einsatzmöglichkeiten

- Sicherung, Vertiefung, Erweiterung, Übung, Anwendung und Transfer des Gelernten
- Vorbereitung auf Lernkontrolltests einschließlich Klassenarbeiten

Material

Laufzettel, Materialien für die Stationen (inkl. Lösungen)

Vorbereitung

Laufzettel und Lernstationen vorbereiten, idealerweise mit Vor- und Nachtest sowie Selbstkontrollmöglichkeiten für die Schüler

Sozialformen

Partner- und Gruppenarbeit

Stufe

Sekundarstufe I und II

Beschreibung

Das Stationenlernen ist eine stark vorstrukturierte Form des offenen Unterrichts. Die Schüler bearbeiten ein von der Lehrperson in Teilbereiche untergliedertes Thema (Beispiele für mögliche Themen s. S. 39). An den einzelnen Stationen sollen idealerweise unterschiedliche Teilkompetenzen (sinnentnehmendes Lesen, zielorientiertes Recherchieren, Arbeiten mit Modellen, gezieltes Experimentieren, kooperatives Arbeiten etc.) besonders gefördert werden. Je nach Umfang kann die Dauer von einer Unterrichtsstunde oder einer Doppelstunde bis zu einem längeren Zeitraum (4–6 Doppelstunden) oder mehreren Studien-/Projekttagen reichen.

Beim Stationenlernen gehen die Schüler in Paaren oder Kleingruppen, in begründeten Ausnahmefällen auch einzeln von Station zu Station und bearbeiten dort die Aufgaben, die an der betreffenden Station ausliegen.

Der Lehrer legt – ggf. gemeinsam mit den Schülern – fest, welche Stationen „Pflichtstationen" sind und welche „Wahl- oder Pufferstationen". An Letzteren können die Schüler dann arbeiten, wenn im Augenblick keine Pflichtstation frei ist oder wenn alle Pflichtstationen bereits bearbeitet wurden. Den Schülern werden – innerhalb eines klar abgesteckten, transparenten Rahmens – Entscheidungsmöglichkeiten zugestanden, beispielsweise zur Reihenfolge für die Bearbeitung der Pflichtstationen, zur Arbeitsdauer an einer Station sowie zum Aufsuchen der Wahlstationen. Die Arbeitsergebnisse jeder einzelnen Station werden von den Schülern protokolliert; nach der Arbeit an einer Station – bzw. nach Abschließen mehrerer Stationen – kontrollieren die Schüler ihre Ergebnisse, indem sie sie mit den verdeckt am „Lösungstisch" ausliegenden Lösungen (im Sinne von Mustererergebnissen) vergleichen. Der „Laufzettel", der den Schülern mit auf den Weg gegeben wird, hat eine mehrfache Funktion: Er gibt nicht nur die zu bearbeitenden Stationen im Parcours vor, sondern dient auch zur Kontrolle der Lernenden, welche Station mit wem, wann und in welcher Zeit bearbeitet wurde. Ein kurzer Blick des Lehrers auf den Laufzettel eines Schülers zeigt ihm schnell, welche Stationen vom betreffenden Schüler bereits bearbeitet wurden und welche Aufgaben noch offen sind.

Für die Qualität des Stationenlernens ist das Material an den Stationen ganz entscheidend: Nur wenn die Stationen lernanregend, spannend konzipiert und selbsterklärend sind, klappt es auch mit der Lernautonomie. Stationenlernen bedeutet zwar, dass der Lehrer im Unterricht weitgehend entlastet ist; jedoch ist zu beachten, dass im Vorfeld bei der Konzipierung des Lernzirkels, bei der Formulierung klarer Arbeitsaufträge und für die Materialerstellung recht viel Zeit investiert werden muss.

Tipps

- Insbesondere bei großen Klassen ist es sinnvoll, wenn bestimmte (Pflicht-)Stationen mehrfach angeboten werden.
- An reinen Übungsstationen (beispielsweise mit Lückentexten, bei denen in die Lücken die fehlenden biologischen Termini einzusetzen sind) können Sie auch mit laminierten Vorlagen arbeiten und die Schüler die Lösungen mit nicht permanenten Folienstiften eintragen lassen. Nach der Übung werden die eingetragenen Wörter mit einem feuchten Tuch abgewischt, sodass der nächste Schüler gleich mit der Übung beginnen kann.
- Sie können auch an jeder Station kopierte Arbeitsblätter entsprechend der Schülerzahl auslegen, auf denen die Aufgaben für die betreffende Station zu finden und beispielsweise auch die Versuchsbeobachtungen sowie die Erklärungen bzw. Lösungen einzutragen sind.

Variante

Die Unterrichtserfahrung zeigt, dass es sehr sinnvoll ist, einen Vortest und einen zum Vortest identischen Nachtest schreiben zu lassen. Die Tests werden anhand einer Musterlösung möglichst vom Schüler selbst korrigiert. Sie erreichen dadurch, dass den Lernenden der eigene Lernfortschritt deutlich bewusst wird. Ein anschließendes Feedback-Gespräch zwischen Schüler(gruppe) und Lehrer kann dazu dienen, Folgerungen für künftige selbstständige Arbeiten abzuleiten.

Material

Beispiele für geeignete Themen:

- Die Sinnesleistungen des Regenwurms
  (4 – 6 Stationen; Doppelstunde; Klassenstufe 5 – 6)
- Bewegung beim Menschen
  (6 – 8 Stationen; 3 Doppelstunden; Klassenstufe 5 – 6)
- Krebs
  (7 – 10 Stationen; 5 Doppelstunden; Klassenstufe 8 – 9)
- Evolution
  (10 – 15 Stationen; 7 – 9 Doppelstunden; Klassenstufen 9 – 10 bzw. Kursstufe)

Hinweis: Zu vielen Themen bieten die Schulbuchverlage bereits ausgearbeitete Vorlagen für das Stationenlernen im Biologieunterricht an.

→ Lerntheke

Ziele der Methode
- Fördern des weitgehend selbstbestimmten Lernens
- Differenzierung und personalisiertes Lernen
- Individuelle Förderung biologischer Interessensschwerpunkte
- Eigenständige Be-/Erarbeitung biologischer Themengebiete

Einsatzmöglichkeiten
Eine Lerntheke eignet sich im Biologieunterricht insbesondere zur Erarbeitung von Grundlagenwissen zu einer biologischen Thematik sowie zum Üben und Wiederholen von Themengebieten (beispielsweise als Vorbereitung auf eine Klassenarbeit oder Klausur).

Material
Arbeitsblätter, ggf. Materialien für Versuche

Vorbereitung
- Ähnlich wie beim Stationenlernen (s. S. 37) untergliedern Sie eine Thematik in verschiedene Unterthemen und bereiten für jedes Unterthema bestimmte Aufgaben vor, die jeweils auf einem Arbeits-bzw. Aufgabenblatt festgehalten werden
- Um der Differenzierung innerhalb einer Klasse gebührend Rechnung zu tragen, können Sie für jedes Unterthema drei verschieden schwierige Aufgabenpakete zusammenstellen. Beispiel: Aufgaben 1 – 3 sind einfach, Aufgaben 4 – 5 sind mittelschwer und die Aufgaben ab 6 sind recht anspruchsvoll.

Sozialformen
Einzel-, Partner- oder Kleingruppenarbeit

Stufe
Sekundarstufe I und II

Beschreibung
Die von Ihnen zusammengestellten Materialien werden in entsprechender Kopienzahl auf einem breiten Tisch (z. B. Experimentierpult) beispielsweise in Ablagefächern bereitgelegt. Sie geben der Klasse einen Überblick über die Unterthemen und legen fest, in welcher Sozialform welche Thematik zu bearbeiten ist, welche Unterthemen sogenannte Pflichtbausteine sind und wie

lange die Schüler Zeit haben, um die Themen zu bearbeiten. Auch die Art der Protokollierung der Ergebnisse, notwendige Sicherheitsvorschriften bei Versuchen sowie die zur Verfügung stehende Zeit sollten Sie unbedingt ansprechen und festlegen.
Lerntheke und Stationenlernen weisen viele Gemeinsamkeiten auf und bei beiden Methoden werden ähnliche Zielsetzungen verfolgt. Der große Unterschied zwischen Lerntheke und Stationenlernen ist allerdings, dass die Schüler bei der Lerntheke nicht von Station zu Station wandern, sondern sich die Aufgaben von der Lerntheke holen und an ihrem Platz bearbeiten. Sind allerdings aufwendige Versuche (z. B. zum Nährstoffnachweis, zur Verdauung oder zur Enzymatik) eingeplant, so ist es empfehlenswert, diese aus ökonomischen und Sicherheitsgründen an der betreffenden „Versuchsstation" durchzuführen.

Tipps Nutzen Sie die Lerntheke als offene Unterrichtsform, um

- ein größeres Themengebiet wie etwa „Blut und Blutkreislauf" gut gegliedert bearbeiten oder wiederholen zu lassen,
- als Lehrer Zeit zum Beobachten einzelner Schüler zu haben, mit diesen ggf. ins Gespräch zu kommen und ihnen einerseits Hilfen und Anregungen für die Weiterarbeit zu geben und andererseits leistungsstarke Schüler gezielt zu fördern und ihnen besonders herausfordernde Anwendungs- und Transferaufgaben zukommen zu lassen.

Varianten

- Sie können besonders leistungsstarke Schüler als Mentoren für schwächere Schüler heranziehen, die beispielsweise beim Experimentieren oder Auswerten von Statistiken unterstützen. Durch Erklären verfestigt sich das Gelernte bei den leistungsstärkeren Schülern und macht es leichter abrufbar. So profitieren sowohl die schwächeren als auch die stärkeren Schüler.
- Besteht ein großes Leistungsgefälle in der Klasse, so kann die stärkere Gruppe sich mit den Themen der Lerntheke selbstständig beschäftigen, während Sie mit der schwächeren Gruppe die Unterrichtsthematik noch einmal strukturiert durchgehen und Verständnisschwierigkeiten bei einzelnen Schülern gezielt abbauen.

→ Partnerlesen

Ziele der Methode
- Vertieftes Verständnis eines biologischen Textes
- Herausarbeiten und Festigen biologischer Fachbegriffe
- Fördern von Selbstständigkeit und Eigenverantwortung

Einsatzmöglichkeiten
Diese Methode eignet sich zur Erschließung von einfachen bis schwierigen Texten und fördert die Lesekompetenz bzw. das sinnentnehmende Lesen auch im Biologieunterricht.

Material
Text zu einem biologischen Thema, z. B. aus dem Biologiebuch

Vorbereitung
–

Sozialform
Partnerarbeit

Stufe
Sekundarstufe I und II

Beschreibung
Mittels der Methode „Partnerlesen" gelingt es den Schülern, sich im Tandem einen – auch komplexen – Text zu einer biologischen Thematik zu erschließen. Bevor sich das Schülerpaar (A und B) an die Arbeit macht, gliedern die Schüler den zu erschließenden Text in etwa gleich große Abschnitte; ggf. können bereits vorgegebene Textabschnitte bzw. Teilüberschriften herangezogen werden.
Nun lesen die beiden Schüler den ersten Textabschnitt, etwa zum Thema Zivilisationskrankheiten, still jeder für sich. Anschließend informiert Schüler A den Schüler B über die Inhalte des ersten Textabschnitts (z. B. über die fünf häufigsten Todesursachen in Deutschland), während B zuhört, kritisch nachfragt und wesentliche Inhalte hinzufügt bzw. Aussagen korrigiert, die von A vergessen bzw. nicht ganz korrekt dargestellt wurden.
Nachdem sich beide Schüler über die Inhalte von Textabschnitt 1 verständigt haben, lesen sie den zweiten Abschnitt. In der folgenden Phase übernimmt B die Rolle des Erklärers, während A zuhört, nachfragt und ergänzt.
Auf diese Weise wird Schritt für Schritt der gesamte Text gemeinsam erschlossen.

Tipps

- Erfahrungsgemäß fällt es einigen Schülern schwer, im Plenum nachzufragen, wenn sie einen biologischen Sachverhalt (z. B. Zellen als Systeme im Fließgleichgewicht, Erkenntniswert der Ergebnisse der Serummethode, Gendrift) nicht verstanden haben. Lassen Sie das Nachfragen beim Partnerlesen durchaus zu. Dazu können sich die Schüler melden und Sie als Lehrer stehen dann unterstützend zur Verfügung. So können Sie nicht nur selektiv unterstützen, sondern Sie erhalten auch gleichzeitig einen Einblick, wo die Verständnisschwierigkeiten bei einzelnen Schülern liegen. Dies schärft Ihre Kompetenz zur Antizipation von Verständnisschwierigkeiten.
- Wenn Sie Paare aus jeweils einem schwächeren und einem stärkeren Schüler bilden, eröffnen Sie schwächeren Schülern die Chance, mit „am Ball" zu bleiben und dem Unterrichtsverlauf angemessen folgen zu können.
- Das sinnerschließende Lesen ist insbesondere in der Kursstufe wichtig, um später die Herausforderungen beispielsweise im Biologie- oder Medizinstudium gut bewältigen zu können. Arbeiten Sie in der Kursstufe mit *Biologie heute SII*, so halten Sie sicher auch den *Linder Biologie SII* bereit (und umgekehrt), damit die Schüler sich in einem zweiten Werk ergänzende Informationen beschaffen können.

→ Textpuzzle

Ziele der Methode
- Fördern des logisch-systematischen biologischen Denkens
- Schulen der Konzentrationsfähigkeit
- Adäquate Nutzung biologischer Begriffe
- Übernahme von (Mit-)Verantwortung für den eigenen Lernfortschritt

Einsatzmöglichkeiten
- Sicherung und Erweiterung biologischer Kenntnisse
- Vertiefte Nachbereitung von Unterrichtsstoff

Material
Textpuzzle in ausreichender Kopienzahl, ggf. Musterlösung

Vorbereitung
Sie zerschneiden einen Text (oder eine Bilderfolge) in 5 bis 20 Abschnitte, legen diese in zufälliger Reihenfolge auf den Kopierer und kopieren die entsprechende Anzahl, sodass jeder Schüler ein Puzzle erhält.

Sozialformen
Einzelarbeit, ggf. Partnerarbeit

Stufe
Sekundarstufe I und II

Beschreibung
Nach der Erarbeitung des biologischen Unterrichtsstoffes stellt sich immer die Frage, wie das Gelernte in der kognitiven Struktur der Lernenden verankert werden kann. Es ist erwiesen, dass für die nachhaltige Bereitstellung des Gelernten eine gewisse Verarbeitungstiefe notwendig ist. Lernen ist ein individueller Prozess, der zwar durch entsprechende anregende („motivierende") Arrangements und soziale Kontexte gefördert werden kann, jedoch kann nur der einzelne Schüler (das „System Schüler") lernen, d. h. aus (symbolhaft übermittelten) Informationen komplex organisiertes Wissen konstruieren.
Die Methode „Textpuzzle" bietet den Schülern die Möglichkeit, sich noch einmal konzentriert in Einzelarbeit mit dem Unterrichtsstoff zu beschäftigen und so das im Vorfeld Gelernte anzuwenden und zu transferieren.
Bei dieser Methode erhält jeder Schüler einen „Puzzletext" zu einem bestimmten Thema (beispielsweise „Farbensehen"). Die Aufgabe besteht darin, die Text-

puzzleteile auszuschneiden, zu lesen und dann in die korrekte Anordnung zu bringen.
Signalisieren die ersten Schüler (beispielsweise durch Aufstehen), dass sie die Puzzleteile richtig geordnet haben, so können sie dies in einem Lerntempoduett (s. S. 29) überprüfen und sich dann (beispielsweise am Lösungstisch = Experimentiertisch) vergewissern, ob die gemeinsam vom Schülerpaar gefundene Lösung mit der ausliegenden Musterlösung übereinstimmt.

Tipp Bei dieser Methode können Sie recht leicht dem Prinzip der Differenzierung Rechnung tragen, indem Sie beispielsweise Puzzletexte mit vier verschiedenen Schwierigkeitsstufen bereithalten:

- Grundniveau (G-Niveau): Text in 8–10 verschieden große Textabschnitte zerschnitten,
- mittleres Niveau (M-Niveau): Text in beispielsweise 10–12 Textabschnitte zerschnitten,
- erweitertes Niveau (E-Niveau): Text beispielsweise in 15 Textabschnitte zerschnitten,
- Expertenniveau (X-Niveau): Text beispielsweise in 20 Textabschnitte zerschnitten, bei denen teilweise wichtige biologische Fachbegriffe fehlen und von den Schülern dann selbst zu finden und zu ergänzen sind.

Variante Sie können das Textpuzzle auch in Partnerarbeit durchführen lassen. Die beiden Schüler arbeiten konstruktiv zusammen. Den ersten (einführenden) Textbaustein legt der jüngere Schüler, dann folgt der ältere Schüler mit dem zweiten Textbaustein und begründet die Abfolge etc.

→ Mikroskopieren

Ziele der Methode

- Kennenlernen und Anwenden des Mikroskopierens als biologische Arbeits- und Forschungsweise
- Fördern und Erlernen von Techniken zur Herstellung biologischer Präparate
- Aktivierung möglichst aller Schüler im Lehr-Lern-Prozess

Einsatzmöglichkeiten
Die Methode kann eingesetzt werden zur eigenständigen Herstellung biologischer Präparate, zur Anwendung von Anfärbetechniken und zum selbstständigen Mikroskopieren.

Material

Mikroskope sowie Hilfsmittel (Objektträger, Deckgläschen, Pipette etc.), biologische Objekte – je nach Thematik, z. B. Wasserpest und Küchenzwiebel (-> Zellen), Wurzelspitzen von Lilien, Gartenbohnen und Küchenzwiebeln (-> Mitosestadien), Tomaten oder Bries von jungem Schwein (-> DNA)

Vorbereitung

Materialien in den benötigten Mengen bereithalten, ggf. die Mikroskopierübung vorab selbst durchführen und ein Arbeitsblatt zur Vorgehensweise entwerfen

Sozialformen

Einzel- oder Partnerarbeit

Stufe

Sekundarstufe I und II

Beschreibung

Beim Mikroskopieren ist folgende Vorgehensweise empfehlenswert:

- Bekanntgeben/Umreißen der Rahmenthematik (z. B. Zellbestandteile, Zellteilung, Erbinformation), innerhalb der das Mikroskopieren eingeplant ist,
- Festlegen der Zielsetzungen und des Arbeitsauftrags (inkl. Sozialform und Zeit für die Bearbeitung), der benötigten Materialien, Sicherheitshinweise und Regeln (s. Merkblatt auf S. 48),
- selbstständige Arbeit der Schüler mit dem Objekt bzw. den Objekten (z. B. Mikroskope sowie Zubehör aus den Schränken holen),
- Protokollierung (z. B. anzufertigende Skizzen, ggf. Beschriftung),

- ggf. Kontrollblick des Lehrers durch das Mikroskop,
- Besprechung der Ergebnisse der Schüler (z. B. Vergleichen der Präparate, Sichten der Skizzen),
- Erkenntnisse und Folgerungen.

Tipps

- Idealerweise hat jeder Schüler „sein" Mikroskop, d. h., die Mikroskope sollten durchnummeriert sein und jeder Schüler sollte immer das gleiche Mikroskop (und den Mikroskopierbesteckkasten) nutzen.
- Bemessen Sie die Zeit zum Mikroskopieren eher knapp (z. B. 15 Minuten), damit die Schüler zügig mit dem Arbeiten beginnen und Sie ggf. Zeit haben, um einige Minuten „zuzugeben".
- Mikroskope mit Lampe haben sich bewährt, da mit diesen auch bei starker Bewölkung gut gearbeitet werden kann.
- Sollten Sie nicht ausreichend Mikroskope für die ganze Klasse verfügbar haben, so können Sie je ein Schülerpaar für ein Mikroskop festlegen oder die eine Hälfte der Klasse mikroskopieren lassen, während die andere Klassenhälfte eine andere Aufgabe (z. B. Arbeit im Biologiebuch, Rechercheaufgabe im Internet etc.) erhält, und dann wechseln.
- Sie sollten keinesfalls darauf verzichten, nach dem Mikroskopieren eine Gesamtauswertung mit der Klasse vorzunehmen und auch unterschiedliche Mikroskopierergebnisse zu thematisieren; diese Zeit sollten Sie sich nehmen.

Variante

Falls Ihnen nicht genügend Mikroskope zur Verfügung stehen, können Sie – wenn sich das Objekt dazu anbietet – auch eine Gruppe mit Mikroskopen und die andere Gruppe mit Stereomikroskopen (Binokularen) arbeiten lassen.

Material

Merkblatt Mikroskopieren

Denke beim Mikroskopieren stets daran, dass es sich bei einem Mikroskop um ein wertvolles optisches Gerät handelt, mit dem du sorgfältig umgehen musst.

Aufbau des Mikroskops

1 Okular
2 Tubus
3 Objektivrevolver
4 Objektiv
5 Objekttisch
6 Blende
7 Triebrad
8 Beleuchtung
9 Stativ

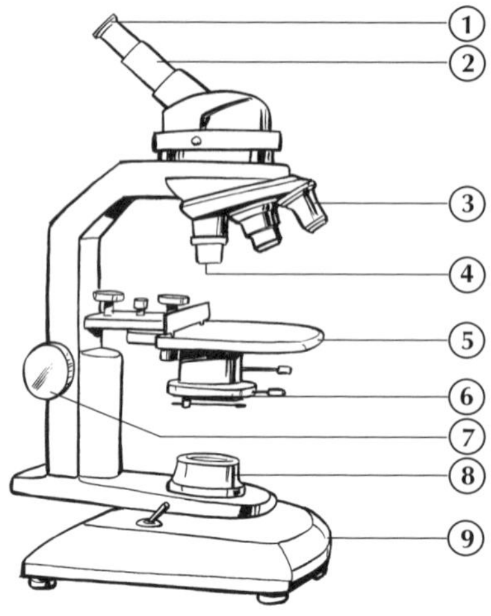

Zehn wichtige Regeln für das Mikroskopieren

1. Nimm das Mikroskop vorsichtig aus dem Schrank und transportiere es vorsichtig. Halte das Mikroskop dabei stets mit beiden Händen am Stativ.
2. Berühre nie mit den Fingern die Linsen am Objektiv und an den Okularen.
3. Beginne beim Mikroskopieren stets mit der kleinsten Vergrößerung.
4. Schalte die Beleuchtung zu Beginn des Mikroskopierens ein und am Ende des Mikroskopierens wieder aus.
5. Lege den Objektträger mit dem Präparat stets über die Lichtöffnung des Objekttisches.
6. Schaue durch das Okular und stelle den Abstand zwischen Objektiv und Objekt durch Drehen am Triebrad ein, bis du das Bild vom Objekt scharf siehst.
7. Mit der Blende kannst du den Kontrast des Bildes regeln.
8. Am Objektrevolver kannst du die verschiedenen Vergrößerungen einstellen.
9. Bei stärkerer Vergrößerung solltest du die Beleuchtung etwas heller stellen.
10. Achte unbedingt darauf, dass beim Einstellen der Bildschärfe die Objektivlinse das Deckglas nicht berührt.

Erwin Graf: Das schnelle Methoden 1x1 Biologie. Illustration: Steffen Jähde

→ Experimentieren

Ziele der Methode
- Fördern von Freude am forschenden Experimentieren
- Kennenlernen und Anwenden einer biologischen Forschungsmethode
- Fördern der biologischen Problemlösekompetenz
- Fördern des genauen Beobachtens

Einsatzmöglichkeiten
Selbstständiges, eigenverantwortliches Lösen biologischer Probleme

Material
Verschiedenes, je nach Versuchsthematik (z. B. Bereithalten von Versuchsmaterialien, Vorbereiten einer Tabelle)

Vorbereitung
Je nach Versuch

Sozialformen
Einzel-, Partner- oder Gruppenarbeit

Stufe
Sekundarstufe I und II

Beschreibung
Das Experimentieren gehört zweifellos zu den interessanten und zugleich anspruchsvollsten Methoden im Biologieunterricht. Für das Experimentieren gilt idealtypisch folgender Ablauf:
- Vorstellung der zentralen Fragestellung oder des zu lösenden Problems
- Hypothesenbildung
- Entwerfen des Versuchsansatzes inkl. Versuchsskizze
- Durchführen des Schülerversuchs und Festhalten der Beobachtungen
- Vorstellen, Vergleichen und Besprechen der Versuchsbeobachtungen
- Sicherung der Erkenntnisse
- Folgerungen
- Weiterführende Fragestellungen mit Experimenten

Tipps

- Beginnen Sie schon in Klassenstufe 5 mit Experimenten. Schüler in der Orientierungsstufe experimentieren erfahrungsgemäß sehr gerne.
- Gehen Sie beim Experimentieren zunächst – wann immer möglich – von möglichst alltäglichen Phänomenen/Fragestellungen (Alltag, Umwelt etc.) aus.
- Beziehen Sie die Schüler bei der Entwicklung des Versuchsansatzes gezielt mit ein. Die Fähigkeit, ein schlüssiges Experiment zu planen (im Sinne einer prozessbezogenen Kompetenz), entwickelt sich nicht von selbst.
- Die Formulierung einer „Forscherfrage“ (mit schriftlicher Fixierung an der Wandtafel) hilft den Schülern, das zentrale Anliegen beim Versuch stets im Blick zu haben.
- Nutzen Sie das Unterrichtsprinzip der „didaktischen Reduktion“ sowohl bei der Fragestellung als auch bei der Versuchsdurchführung und -auswertung.
- Lassen Sie die Schüler nicht nur eine Versuchsskizze anfertigen, sondern auch ein Versuchsprotokoll führen.
- Trennen Sie bei Versuchen zwischen „Beobachtungen“ und der sich daran anschließenden „Erklärung“.
- Unverzichtbar bei allen Versuchen: Vorsichtsmaßnahmen und schriftliche Gefährdungsbeurteilung (unterschriebene Datenblätter in einem Ordner sammeln).

Varianten

Sie können bei Experimenten

- arbeitsgleich vorgehen (insbesondere bei Schülern, die noch selten experimentiert haben), d. h., alle Schülergruppen arbeiten an der gleichen „Forscherfrage“,
- gemischt arbeitsteilig vorgehen, d. h., einige Gruppen führen den gleichen Versuch durch; Sie haben damit die Möglichkeit, ein breiteres Thema experimentell bearbeiten und die Versuchsbeobachtungen mehrerer Gruppen miteinander vergleichen zu lassen,
- arbeitsteilig experimentieren lassen; dieses methodische Vorgehen eignet sich insbesondere für experimentell erfahrene Klassen bzw. Gruppen in höheren Klassenstufen.

Versuch: Wie entsteht die „Haut" auf der Milch?

Material: 5 Bechergläser (hoch, 200 ml); Heizplatte (oder Brenner mit Dreifuß); Thermometer (bis 100 °C), verschiedene Milchsorten (Frischmilch, H-Milch und ggf. Bio-Milch mit 3,5 bzw. 3,8 % Fett, 1,5 % Fett und 0,1 % Fett); feuchter Lappen; Tiegelzange

Versuchsskizze

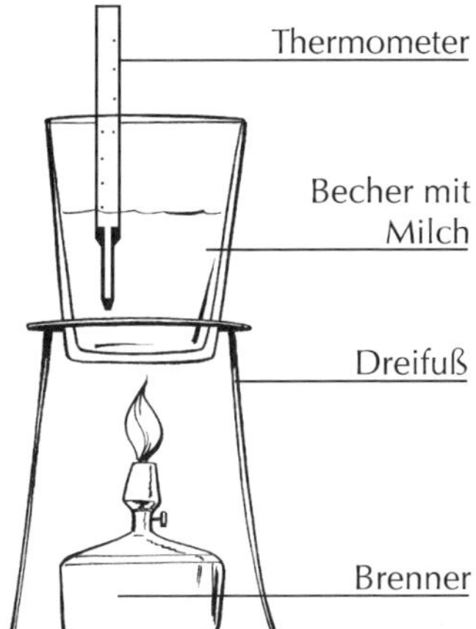

Versuchsdurchführung

1. Gib in ein Becherglas so viel Frischmilch (3,5 bzw. 3,8 % Fett), dass das Becherglas etwa zu 1/3 mit Milch gefüllt ist.
2. Miss die Temperatur der Milch bei Versuchsbeginn (vor dem Erhitzen) und beim Erhitzen.
3. Erwärme die Milch im Becherglas mittels Brenner zunächst langsam, dann kräftiger.
4. Stelle bei den in der folgenden Tabelle angegebenen Temperaturen fest, ob sich eine „Haut" auf der Milch bildet.
5. Notiere deine Beobachtungen (z. B. erste Dämpfe steigen auf).
6. Beende das Erhitzen, sobald sich Haut gebildet hat.
7. Nimm anschließend das Becherglas mit der Milch mittels Tiegelzange oder feuchtem Tuch von der Wärmequelle.

Erwin Graf · Das schnelle Methoden 1x1 Biologie. Illustration: Steffen Jähde

Versuchsbeobachtungen (Erhitzen von Milch)

Temperatur (°C)	Beginn	10	15	20	25	30	35	40	45	50	55	60	65	70	75
Beobachtungen Frischmilch 3,5 bzw. 3,8 % Fett															
…															

8. In Absprache mit deinem Bio-Lehrer: Wiederhole den Versuch mit anderen Milchsorten (z. B. 1,5 % Fett; 0,1 % Fett; H-Milch; Bio-Milch).

Aufgaben

a) Bei welcher Temperatur kannst du erste Veränderungen auf der Milchoberfläche beobachten?

b) Bei welcher Temperatur kannst du eine deutliche „Haut" auf der Milch erkennen?

c) Welche Vermutung hast du, warum es beim Erwärmen der Milch zu sichtbaren Veränderungen kommt?

d) Lies in Büchern oder im Internet nach und überprüfe so, ob deine Vermutung bei c) richtig ist. Fasse das Ergebnis zur „Haut auf der Milch" kurz zusammen.

e) Expertenaufgabe: Wie könntest du experimentell überprüfen, woraus die „Haut" auf der Milch besteht? Entwirf Versuche und sprich sie mit deinem Bio-Lehrer ab, bevor du die Versuche durchführst.

Hinweis für Lehrer zu „Milchhaut": Die bei Erwärmen entstehende Haut der Milch bildet sich dadurch, dass bestimmte globuläre Proteine denaturieren und ihre emulgierende Wirkung verlieren, zusammen mit Lipiden an die Oberfläche der Milch steigen, sich aneinanderlagern und zusammen mit Milchlipiden eine flächige Membran bilden. Diese „Milchhaut" besteht zu ca. 15 % aus Proteinen (Globulinen), zu ca. 80 % aus Fett und zu ca. 5 % aus Wasser. Unter der „Haut" sammelt sich Wasserdampf, wodurch die Milch leicht „überkocht".

→ Modellieren

Ziele der Methode

- Erklären komplexer biologischer Sachverhalte
- Vertieftes Durchdringen und Verstehen abstrakter Vorgänge in der Natur
- Fördern des logisch-systematischen abstrakten Denkens
- Herausbilden eines kritischen Modellverständnisses

Einsatzmöglichkeiten

Die Modellmethode kann nicht nur zum vertieften Verstehen von biologischen Sachverhalten eingesetzt werden, sondern auch zu einem kritischen Umgang mit Informationen.

Material

Materialien für die Herstellung der Modelle; ggf. Black Box (s. S. 55)

Vorbereitung

Materialien für die Herstellung der Modelle bereithalten – je offener die Aufgabe für die Schüler (z. B. Katzenkrallenmechanismus, Bau eines Enzymmodells, Doppelhelixmodell der DNA), desto mehr und unterschiedliche Materialien sind bereitzuhalten; ggf. Black Box vorbereiten

Sozialformen

Einzel-, Partner- oder Gruppenarbeit

Stufe

Sekundarstufe I und II

Beschreibung

Das Modellieren im Biologieunterricht verfolgt Ziele, die weit über das reine Erklären hinausreichen. Beim Modellieren sollen die Schüler zunächst in einer Problemfindungsphase ein biologisches Phänomen erfassen (z. B.: „Wie funktioniert der Katzenkrallenmechanismus?“). In einem weiteren Schritt soll das aufgeworfene Problem verbalisiert und es sollen Hypothesen entwickelt werden, um eine logische Erklärung zu finden (wenn nötig unter Nutzung von Experimenten). Danach ist es Aufgabe der Lernenden, ein geeignetes Modell konstruktiv zu entwerfen, anhand dessen der biologische Sachverhalt veranschaulicht werden kann.

Die von den Schülern möglichst eigenständig entwickelten Modelle werden anschließend im Plenum oder in Kleingruppen einer eingehenden Modellkritik unterzogen. Die insbesondere für jüngere Schüler sehr bedeutsame Modellkritik dient dazu, dass die Lernenden zunehmend deutlicher zwischen „biologischer Realität" und „Modell einer biologischen Realität" unterscheiden lernen.

Tipps

Achten Sie darauf, dass

- insbesondere bei jüngeren Schülern die Fragestellungen für die biologische Modellierung klar, gut überschaubar, möglichst alltagsnah und von geringer Komplexität sind (Beispiele: Modell zur Funktionsweise der Katzenkralle oder der Klappzunge beim Grasfrosch, Fortbewegung der Zauneidechse, Passgang beim Dromedar) und Schritt für Schritt gesteigert werden (Beispiele: Modell zur aktiven Immunisierung, Antigen-Antikörper-Modell zu den Blutgruppen, Modelle zur Reduplikation der DNA sowie zur Proteinbiosynthese),
- die entwickelten Modelle insbesondere in unteren Klassenstufen möglichst anschaulich und gut verbalisierbar sind, d. h. weitgehend alltagssprachlich erläutert werden können,
- die entwickelten Modelle in einen handlungsorientierten Kontext eingebettet sind, d. h., dass die Modelle das Verständnis vertiefen.

Variante

Zur Modelleinführung, ohne den Modellbegriff zu erwähnen: Damit die Schüler ein vertieftes Verständnis eines Modells erhalten, können Sie eine „Black Box" einsetzen: Sie präsentieren einen von Ihnen präparierten Schuhkarton mit zwei Löchern sowie mehreren eingeklebten Stegen innen (Vorlage s. S. 55). Geben Sie den – natürlich mit Deckel versehenen – Schuhkarton als Black Box einem Schüler mit der Aufgabe, eine in der Box befindliche Kugel durch leichte Bewegungen der Box durch eine definierte Öffnung freizugeben. Sie werden überrascht sein, wie herausfordernd diese Aufgabe für die Schüler ist! Ebenso anspruchsvoll ist für sie dann die Aufgabe, das Innere der Box nach eigenen Vorstellungen zu zeichnen, d. h. ein Modell der Black Box zeichnerisch zu entwerfen.

Vorlage für die Black Box

Material: Schuhkarton mit Deckel, Pappstreifen oder Holzleisten für die Stege, Holz-, Kunststoff- oder Glaskugel (z. B. Murmel mit ca. 2 cm Durchmesser)

- Stege aus Pappstreifen oder Holzleisten zurechtschneiden und am Boden des Schuhkartons einkleben
- An den Seiten im unteren Bereich zwei Öffnungen in den Karton schneiden
- Kugel in den Karton legen und den Karton mit einem Deckel verschließen

Beispiel für die Gestaltung des Bodens des Schuhkartons mithilfe von Pappstreifen oder Holzleisten:

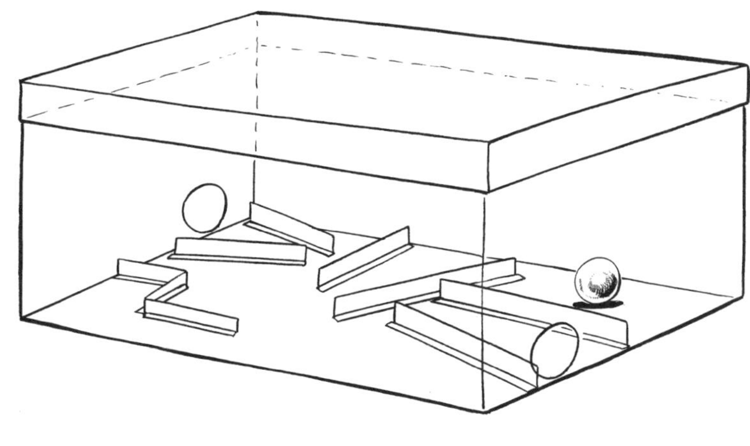

Erwin Graf · Das schnelle Methoden 1x1 Biologie. Illustration: Steffen Jähde

→ Exkursion

Ziele der Methode

- Ganzheitliches Erfassen biologischer Phänomene
- Fördern der Formen- und Artenkenntnis
- Bewusstes Erleben der biologischen Jahreszeiten
- Fokussierung der Aufmerksamkeit

Einsatzmöglichkeiten

Die Methode kann in allen Jahreszeiten und zu sehr vielen biologischen Themen (Biotope, Ökosysteme, Frühblüher, Blut, Fossilien, Mutation, Modifikation etc.) eingesetzt werden.

Material

–

Vorbereitung

Im Vorfeld muss der Lehrer

- die Genehmigung durch die Schulleitung einholen,
- die Eltern über die außerschulische Veranstaltung informieren und ggf. vorhandene Erkrankungen von Kindern abfragen,
- sich kundig machen über Gefahrenquellen, entstehende Kosten (Kostenübernahme abklären), An- und Abfahrt etc.,
- ggf. Begleitpersonen erfragen,
- sich über die Thematik kundig machen und ggf. eine Vorexkursion durchführen,
- die Veranstaltung mit der Klasse bzw. dem Kurs vorbereiten.

Sozialform

Plenum

Stufe

Sekundarstufe I und II

Beschreibung

Biologieunterricht außerhalb des Fachraumes bietet viele Möglichkeiten, die Schüler die uns tragende Natur unmittelbar erleben zu lassen. Dabei wird nicht nur fachliches Wissen erworben, sondern die Schüler werden auch emotional intensiv angesprochen und in ihrem ästhetischen Empfingen nachhaltig gefördert.

Nachdem das Organisatorische geklärt ist, sollte im Biologieunterricht mit der Vorbereitung der außerschulischen Unternehmung begonnen werden. Hilfreich ist es meist, dass Leitfragen formuliert, Untersuchungsmethoden eingeführt und geübt und auch Sicherheits- und Verhaltensregeln vereinbart werden.
Bei einem *offenen Lerngang*, etwa zum Thema „Wald", geht der Lehrer auf das ein, was gerade ins Auge springt. So können beispielsweise Frühblüher, wandernde Amphibien, blühende Wiesen, Bodenerosionen, Sukzessionen, Vogelstimmen oder ökologische Nischen in Hohlwegen thematisiert und natürlich auch Fragen der Schüler vor Ort geklärt werden. Ein *geschlossener Lerngang* ist dagegen thematisch eher stark zugeschnitten (z. B. Stockwerke im Mischwald, Lebewesen in der Laubstreu, Gewässergütebestimmung eines Fließgewässers, Fossilien in einem Kalksteinbruch etc.), wobei natürlich auch spontane Gelegenheiten genutzt werden können, Überraschendes und Auffälliges zu thematisieren. Wichtig bei außerschulischen Lernorten ist, dass die Schüler in Gruppen weitestgehend selbstständig bestimmte Aufgaben erledigen (Beispiele s. S. 58). Die Ergebnisse sollten anschließend – vor Ort oder im Biologie-Fachraum – adäquat vorgestellt, besprochen und gesichert werden.

Tipps

- Im Biologieunterricht kann es sinnvoll sein, bestimmte Orte (Stadtgarten, Botanischer Garten) in verschiedenen Jahreszeiten zu erkunden, z. B.: *im Frühjahr:* Frühblüher, Amphibien, Teich als Ökosystem; *im Sommer:* Gewürzkräuter, Rosenarten, Nadel- und Laubbäume; *im Herbst:* Laubverfärbung, Früchte und Samen; *im Winter:* Sträucher und Bäume im Winter mit Kennübungen, Überwinterungsstrategien etc.
- Planen Sie möglichst weit voraus und bedenken Sie auch Rahmenbedingungen wie Jahreszeit, Wetter, benötigte Materialien und Materialtransport, Zeiten von schriftlichen oder mündlichen Prüfungen etc.

Variante

Sie können die Unternehmung vor Ort auch weitgehend aus der Hand geben (die Verantwortung inkl. Aufsichtspflicht bleibt dennoch bei Ihnen), sofern sich die Thematik dafür eignet; hier einige Beispiele:

- Waldexkursion: Förster; Gewässerökologie: Ökomobil;
- Naturschutzgebiet: Ranger im Naturschutzzentrum;
- Orchideen: Naturschutzbeauftragter des Landkreises;
- Leben am/im Gewässer: Biologe am Botanischen Garten.

Material

Mögliche Aufgaben für die Schüler:

- Laubstreu an verschiedenen Stellen im Wald untersuchen
- Den Saprobienindex in verschiedenen Abschnitten eines Fließgewässers feststellen
- Blütenpflanzen bestimmen
- Bodenprofile feststellen und skizzieren
- Abiotische Faktoren am Waldrand und im Wald messen

Checkliste für eine Exkursion

O Thema: ______________________

O Zeit (Datum): ______________________

O Beginn der Exkursion: ________ h; Ende der Exkursion: ________ h

O Genehmigung durch die Schulleitung

O Elterninformation

O Absprachen mit Kollegen/Begleitpersonen

O Anfahrt: ______________________

O Abfahrt: ______________________

O Nutzung öffentlicher Verkehrsmittel

O Kosten (für Fahrt etc.) gesamt: ________ €; pro Schüler: ________ €

O benötigte Materialien: ______________________

O Erste-Hilfe-Set

O Telefon

O Vorbereitung im Unterricht

O Schülerinformation/-belehrung (u. a. Gefahren, Regeln)

O Auswertung (ggf. vor Ort)

O Nachbereitung im Unterricht (wann, wie etc.)

O Präsentation der Ergebnisse (z. B. Anschlagtafel in der Schule, Tag der Offenen Tür, Elternnachmittag/-abend)

O Sonstiges: ______________________

Erwin Graf · Das schnelle Methoden 1x1 Biologie.

→ Partnerkorrektur

Ziele der Methode
- Einfordern der Hausaufgaben
- Fördern der Hausaufgabenmoral im Nebenfach Biologie
- Würdigen von Schülerleistungen
- Fördern der Verarbeitungstiefe biologischer Sachverhalte
- Fördern der Beurteilungskompetenz der Schüler
- Fokussierung auf zentrale biologische Wissensbausteine

Einsatzmöglichkeiten
- Überarbeitung von Beobachtungen nach Versuchen
- Korrektur von Texten und Textbausteinen mit biologischem Inhalt
- Herausarbeiten zentraler Wissensbausteine und biologischer Fachbegriffe

Material
–

Vorbereitung
Sie geben – insbesondere in unteren Klassenstufen – die zentralen Begriffe bzw. biologischen Inhalte vor und erstellen ggf. Korrekturkriterien (s. Checkliste auf S. 61) oder eine Musterlösung.

Sozialform
Partnerarbeit

Stufe
Sekundarstufe I und II

Beschreibung
Durch die Methode „Partnerkorrektur" ist es im Biologieunterricht leicht möglich, dass alle Schülerleistungen nicht nur gleichzeitig eingefordert, sondern auch durch die Mitschüler gewürdigt werden. Haben Sie die Methode im Vorfeld bereits angekündigt – oder gehört sie schon zum Ritual im Unterricht –, so können sich die Schüler darauf einstellen. Ihre Schüler dürfen dann aber auch erwarten, dass ihre biologische Ausarbeitung einer (wenigstens Teil-)Korrektur unterzogen wird und die Lernenden umgehend Rückmeldung durch den Partner erhalten.

Die Korrektur kann sich beispielsweise auf folgende Punkte beziehen:

- die verwendeten biologischen Fachbegriffe;
  Beispiel: Sind die wichtigsten drei/fünf/acht Fachbegriffe zur Immunisierung richtig erklärt bzw. im richtigen Kontext gebraucht?
- einen konkreten Ablauf;
  Beispiel: Ist das Ablaufschema der Blutstillung/Blutgerinnung logisch und sachlich korrekt dargestellt?
- die Beschreibung von Versuchsbeobachtungen;
  Beispiel: Sind die Versuchsbeobachtungen zu den Gärungsexperimenten korrekt notiert?
- anzufertigende/zu vervollständigende/zu beschriftende Skizzen;
  Beispiel: Sind die Skizzen zur Gentechnologie korrekt vervollständigt bzw. gezeichnet/beschriftet?

Tipps

- Achten Sie darauf, dass die Korrekturaufträge durch die Schüler auch leistbar sind. Hinweise zum Erwartungshorizont der Ausarbeitung sind meist recht hilfreich, ggf. sogar eine bereitgestellte bzw. ausliegende Musterlösung. Ziel der Methode ist nicht nur, dass sich die Schüler im konzentrierten Durcharbeiten von biologischen Texten und im Korrigieren üben können, sondern dass die erbrachten Leistungen der Schüler auch gewürdigt werden. Eine kurze schriftliche Rückmeldung des Mitschülers unter der biologischen Ausarbeitung ist sehr wichtig (Beispiel: „Der Text ist gut gegliedert, enthält die wichtigsten Inhalte und ist nicht zu lang und nicht zu kurz.").
- Ideal ist es, wenn sich die Schüler gegenseitig auch Verbesserungsvorschläge mitteilen (Beispiel: „Achte in Zukunft vermehrt auf die korrekte Schreibweise der Fachbegriffe sowie die Trennung von ‚Beobachtung' und ‚Erklärung' bei einem Versuch."). Dadurch erhalten die Schüler konkrete Hilfen für das weitere Lernen im Fach Biologie, aber auch über das Unterrichtsfach hinaus.

Varianten

- Geben Sie den Schülern zunächst die Gelegenheit, ihr Produkt zu einem bestimmten biologischen Thema selbst noch einmal durchzuarbeiten und zu ergänzen, bevor es der Partner erhält. Lassen Sie die Ergänzungen beispielsweise in Grün vornehmen, die Korrekturen dann in Rot.
- Sie können auch drei oder vier Schüler als Gruppen zusammenarbeiten und dann eine Ausarbeitung zwei- bzw. dreimal korrigieren lassen, d. h. eine Art Fließbandkorrektur vornehmen lassen.

Material

Checkliste für die Korrektur			
	ja	teilweise	nein
• Sind die wichtigsten biologischen Fachbegriffe vorhanden und korrekt genutzt?	☐	☐	☐
• Ist die Abbildung korrekt gezeichnet und mit den korrekten biologischen Fachbegriffen beschriftet?	☐	☐	☐
• Ist der Beitrag gut gegliedert?	☐	☐	☐
• Ist in der schriftlichen Ausarbeitung eine logisch-systematische Struktur / ein roter Faden klar erkennbar?	☐	☐	☐
• Sind geforderte Rechenschritte gut nachvollziehbar dargestellt?	☐	☐	☐
• Ist der Rechenweg korrekt?	☐	☐	☐
• Ist die Versuchsskizze transparent und korrekt?	☐	☐	☐
• Wurde zwischen den Versuchsbeobachtungen und den Versuchsdeutungen klar unterschieden und sind diese korrekt?	☐	☐	☐
• …	☐	☐	☐

→ Gruppenpuzzle

Ziele der Methode

Die Methode hat zum Ziel, dass die Schüler

- lernen, sich auch komplexe Sachverhalte zunächst eigenständig und selbstverantwortlich zu erarbeiten, sich anschließend mit anderen Schülern auszutauschen und dann die gesammelten Erkenntnisse wieder anderen Schülern gut strukturiert und verständlich mitzuteilen,
- die eigenen (fachlich-sachlichen, sozial-kommunikativen, methodisch-strategischen, personalen) Kompetenzen sowie die Fähigkeiten der Mitschüler zunehmend besser einschätzen und beurteilen können,
- ihren „Expertenstatus" und ein positives Selbstwertgefühl erleben und dadurch im Biologieunterricht motiviert mitarbeiten.

Einsatzmöglichkeiten

Die Methode kann in allen Klassenstufen gewinnbringend eingesetzt werden, wobei alle Schüler nicht nur bei der Erarbeitung von Expertenwissen, sondern auch bei der Kommunikation der biologischen Erkenntnisse gefordert und gefördert werden. Die besondere Chance der Methode liegt darin, dass leistungs- und kommunikationsstarke Schüler gezielt gefördert werden, ohne dass leistungsschwächere Schüler sich zurückziehen und aus der Mitarbeit herausnehmen können.

Material

Ggf. Versuchsmaterialien oder Texte (Bücher, Arbeitsblätter etc.)

Vorbereitung

Ggf. Versuchsmaterialien bereitstellen oder geeignete Texte (beispielsweise in Biologiebüchern) sichten und bereithalten

Sozialform

Gruppenarbeit

Stufe

Sekundarstufe I und II

Beschreibung

1. Schritt: Durch einen geeigneten Unterrichtseinstieg wird eine Frage bzw. ein Problem aufgeworfen.
2. Schritt: Sie fordern die Schüler auf, dass sich jeder zunächst allein mit der Problem- oder Fragestellung beschäftigt und seine Vermutungen, Gedanken oder Fragen dazu schriftlich festhält.
3. Schritt: Nun lassen Sie in der Klasse – idealerweise – Fünfer-Gruppen bilden. In diesen „Stammgruppen" werden folgende Punkte geklärt und besprochen: Welche Gedanken und Fragen hat der Einzelne? Bei welchen Fragen/Gedanken stimmt die Gruppe überein und wo gibt es Unterschiede? Die Gruppen erhalten im Anschluss die Aufgabe, fünf Themenbereiche zu formulieren, die der Gruppe im Zusammenhang mit dem Thema besonders wichtig sind. Jeder Themenbereich wird auf einer DIN-A4-Karte notiert.
4. Schritt: Die verschiedenen Stammgruppen stellen nun im Plenum ihre Themenbereiche vor. Die Klasse einigt sich auf fünf Themenbereiche, die im Folgenden genauer bearbeitet werden sollen.
5. Schritt: Nun bilden Sie – idealerweise fünf – neue Gruppen. Jede dieser neuen Gruppen setzt sich aus jeweils einem Mitglied der fünf Stammgruppen zusammen (wie bei der Methode „Museumsgang" nach dem auf S. 72 beschriebenen Schema). Jede dieser sogenannten „Expertengruppen" beschäftigt sich mit einem der vorgestellten Themenschwerpunkte und fasst die Ergebnisse so zusammen, dass jedes Mitglied der Expertengruppe gut informiert ist und weiß, welche Informationen wie weiterzugeben sind.
6. Schritt: Sie lösen nach der vorgegebenen Zeit die Expertengruppen wieder auf und jedes Mitglied geht in seine Stammgruppe zurück. In der Stammgruppe informieren sich die Gruppenmitglieder gegenseitig über die Ergebnisse der jeweiligen Expertengruppen und jeder Schüler erstellt für sich eine Gesamtzusammenfassung über alle fünf Themenfelder.

Tipps

- Sie können auch farbige Karten vorbereiten, sodass die Schüler sich leichter den verschiedenen Gruppen zuordnen können.
- Achten Sie darauf, dass die Gruppen möglichst nicht mehr als sechs Schüler umfassen; die Gruppen sollten nicht zu groß, aber auch nicht zu klein sein (ideale Gruppengröße: vier bis fünf Schüler).

Variante Sie können auch gleich mit der Arbeit in Expertengruppen beginnen, wenn Sie das Rahmenthema und die Unterthemen gut zugeschnitten haben.

→ Partnerpuzzle

Ziele der Methode

- Fördern der Motivation und der biologischen Interessensbildung
- Aktivieren des biologischen Wissens
- Versprachlichen biologischer Sachverhalte
- Weiterentwickeln von Argumentationsstrukturen
- Schließen von Wissenslücken mithilfe der Informationen bzw. Ergebnisse von Mitschülern

Einsatzmöglichkeiten

Die Methode eignet sich – ganz im Sinne des kooperativen Lernens – zur Erarbeitung von biologischen Sachverhalten, wobei sich die Puzzleteile ergänzen und ein Ganzes ergeben.

Material

Je nach Thema

Vorbereitung

Der Lehrer bereitet die biologischen Bausteine (Versuche, Texte etc.) so auf, dass sich jeweils zwei Teile zu einem Ganzen ergänzen:

- zwei Versuchsansätze:
  Beispiele: Proteinverdauung mittels Pepsin bei zwei verschiedenen pH-Werten; Gärung, beispielsweise Vergärung von Glucose durch Hefe bei verschiedener Temperatur,
- zwei Textbausteine mit verschiedenen einander ergänzenden Informationen:
  Beispiel: ein Textbaustein zu Lamarcks Evolutionstheorie und ein Textbaustein zu Darwin Evolutionstheorie,
- zwei Teilpuzzles, die sich ergänzen:
  Beispiel: zwei Teilpuzzles zu zwei Saurierarten.

Sozialform

Partnerarbeit

Stufe

Sekundarstufe I und II

Beschreibung

Beim Partnerpuzzle bearbeiten die Schüler zunächst einzeln (z. B. als Hausaufgabe) einen Baustein und informieren sich dann wechselseitig über den Inhalt des Textes bzw. das Ergebnis des Versuchs. Wie beim Gruppenpuzzle (s. S. 62) gilt es, Informationslücken zu schließen und sich gegenseitig die nötigen Informationen zukommen zu lassen. Die Motivation der Schüler beruht darauf, dass erst nach der gesamten Information eine Art „Aha-Effekt" entsteht.

Tipp Je deutlicher den Schülern die fehlende Information bewusst wird, desto notwendiger erscheint die Ergänzung durch einen anderen Schüler.

Varianten Sie können beim Partnerpuzzle auch die Gelegenheit nutzen und …

- zwei kontroverse Sichtweisen auf einen Sachverhalt verdeutlichen: Beispiele: kontroverse Sichtweisen zum Schwangerschaftsabbruch, zur Gentechnik, zu Impfungen etc.,
- zwei widersprüchliche Sichtweisen zu einer Thematik vorgeben: Beispiel: Impfbefürworter und Impfgegner am Beispiel FSME (Frühsommermeningoenzephalitis),
- Argumente für die jeweilige Sichtweise sammeln und dann in ein Streitgespräch einmünden lassen:
  Beispiel: Was spricht für Gentechnik in der Pflanzen- und Tierzucht, was spricht dagegen?,
- Argumente für zwei verschiedene Positionen vorgeben und daraus ein Rollenspiel entwickeln lassen:
  Beispiel: Rollenkarten zum Thema Bio-Ernährung versus konventionelle Ernährung.

→ Tabu

Ziele der Methode

Die Methode „Tabu" ermöglicht es, dass die Lernenden

- das Gelernte anwenden und festigen,
- sich in der biologischen Fachsprache üben können,
- Problemlösestrategien anwenden lernen, um einen Begriff zu finden,
- in ihrer sozial-kommunikativen Kompetenz und sprachlichen Ausdrucksfähigkeit gefördert werden,
- sich im vernetzenden Denken üben können.

Einsatzmöglichkeiten

Die Methode „Tabu" kann in die Gruppe der Spiele eingeordnet werden und bietet sich an, um das Gelernte zu wiederholen, zu festigen, anzuwenden und auf andere Themenbereiche zu übertragen. Auch als Vorbereitung auf einen Test, eine Lernzielkontrolle oder eine Klassenarbeit kann die Methode gut genutzt werden.

Material

Kärtchen mit Begriffen (Beispiel s. S. 68f.)

Vorbereitung

Kärtchen bereithalten

Sozialform

Gruppenarbeit

Stufe

Sekundarstufe I und II

Beschreibung

Die Methode „Tabu" ist eine Form des Spiels zur Sicherung, Übung und Anwendung des Gelernten.

- Sie lassen in der Klasse eine gerade Anzahl von Kleingruppen (beispielsweise 8 Gruppen à 3 – 4 Schüler) bilden, zählen die Gruppen von 1 bis n durch und bilden anschließend eine entsprechende Anzahl von Gruppenpaaren (z. B. Gruppe 1 und 2 = Gruppenpaar A, Gruppe 1 und 2 spielen gegeneinander).
- Jedes Gruppenpaar erhält nun einen kleinen Stapel von Tabu-Kärtchen zu einem bereits besprochenen Thema (z. B. Sinnesorgan Auge oder Ohr; Kärtchen s. S. 68f.), mischt den Stapel und legt die Kärtchen verdeckt auf den Tisch.

- Die beiden Gruppen sitzen sich gegenüber.
- Die Gruppe 1 holt sich von den Partnergruppe ein Mitglied (M1) zu sich, zieht ein Kärtchen und gibt M1 die Aufgabe, das Kärtchen mit den Begriffen zu lesen, ohne dass Gruppe 2 das Kärtchen einsehen kann.
- Nun beschreibt M1 seiner Gruppe den Sachverhalt, ohne den gesuchten (in den Beispielen auf S. 68f. fett gedruckten) Begriff und die anderen drei bis fünf Begriffe auf dem Kärtchen zu nennen.
- Gruppe 2 muss nun den Begriff erraten. Errät die Gruppe den Begriff (z. B. nach max. 30 Sekunden), erhält sie einen Punkt.
- Anschließend ist die andere Gruppe an der Reihe usw.

Tipps

- Wählen Sie für die Einführung der Tabu-Methode ein nicht zu komplexes Rahmenthema (z. B. Organe beim Menschen, Sinnesorgane, Bakterien).
- Schreiben Sie zum fett gedruckten, gesuchten Begriff zunächst nur ein bis zwei Begriffe, die bei der Beschreibung des Sachverhalts nicht genutzt werden dürfen.
- Die ganze Gruppe darf beim Suchen des Begriffs mitraten.
- Die Gruppen sollten nicht zu groß sein, damit jeder Schüler möglichst häufig als Beschreibender aktiv sein kann.

Varianten

- Sie können auch jeweils zwei Schüler beschreiben lassen, während die restliche Gruppe den Begriff rät.
- Sie können auch einen Schüler als Schiedsrichter/Moderator bestimmen bzw. wählen lassen. Dann zieht der Schiedsrichter/Moderator die jeweilige Karte vom Stapel und zeigt sie dem zu ihm gerufenen Schüler, der die Beschreibung dann vornimmt.
- Sie können auch einen Wettbewerb zwischen zwei oder mehr Kleingruppen durchführen, wobei die Gruppen gleichzeitig raten können. In diesem Fall gehören die Schüler, die beschreiben, zu keiner der Gruppen.

Material

Tabu-Spielkärtchen zum Thema „Sinnesorgan Auge"

Netzhaut Sehnerv Stäbchen Iris	**Linse** Linsenbänder Grauer Star klar	**Sehnerv** Nervenzellen Gehirn Impulse
Stäbchen Hell-Dunkel-Sehen Netzhaut Sinneszellen	**Weitsichtigkeit** Linse Augapfel Linsenbänder	**Zapfen** Sinneszellen Farbsehen Netzhaut
Akkommodation Linse Bild Auge	**Adaptation** Auge Licht Regenbogenhaut	**Glaskörper** Grüner Star Linse Retina
Augenmuskel Drehung/drehen zusammenziehen Auge	**Lederhaut** Netzhaut Aderhaut Glaskörper	**Hornhaut** vordere Augenkammer Augenfehler durchsichtig

Tabu-Spielkärtchen zum Thema „Sinnesorgan Ohr"

Ohrtrompete Eustachische Röhre Rachen Luft	**Außenohr** Mittelohr Luft Ohrmuschel	**Innenohr** Flüssigkeit Hörorgan Vorhofsgang
Hörnerv Nervenzellen Impulse Gehirn	**Bogengänge** drei Drehsinnesorgan Flüssigkeit	**Mittelohr** Innenohr Luft Ohrtrompete
Hertz Tonhöhe Alter Maßeinheit	**Lagesinnesorgan** Bläschen Organ Mittelohr	**Ohrmuschel** Außenohr Schallwellen Trichter
Trommelfell Schallwellen Außenohr Mittelohr	**Lautstärke** Dezibel (dB) Hörschäden Lärm	**Schneckengang** Hörorgan Vorhofsgang Innenohr

→ Museumsgang

Ziele der Methode
- Sicherung und Anwendung biologischer Inhalte
- Kennenlernen unterschiedlicher Präsentationsformen
- Stärken der sozial-kommunikativen Kompetenz
- Abwechslung im Unterricht durch verschiedene Methoden

Einsatzmöglichkeiten
- Zu Beginn einer Lehr-Lern-Einheit: mögliche Fragen zu einem Thema wie „Krebs", Vermutungen etwa zu „Biogenese", Bewusstmachen unterschiedlicher Meinungen und Einstellungen beispielsweise zu „Bio-Lebensmitteln"
- Während der Erarbeitung: Einblick in den Stand von Gruppenarbeiten oder verschiedenen Projektgruppen
- Am Ende der Lehr-Lern-Einheit: Bewusstmachen und Visualisierung der Gruppenergebnisse

Material
Materialien zum Herstellen von Plakaten, z. B. Papierbögen unterschiedlicher Farbe und Größe, Scheren, Stifte, Klebstreifen, Magnete, Pinn-Nadeln, Präsentationstafeln

Vorbereitung
Materialien zum Herstellen von Plakaten bereithalten

Sozialformen
Partner- oder Gruppenarbeit

Stufe
Sekundarstufe I und II

Beschreibung
Für den Museumsgang arbeiten die Schüler zunächst in Kleingruppen (Ursprungsgruppen à fünf Schüler) an ihrem biologischen Thema (Beispiel s. S. 72) und halten die Ergebnisse auf einem Plakat in übersichtlicher Form fest. Anschließend werden die Plakate im Biologieraum oder auch auf dem Flur aufgehängt, wobei darauf zu achten ist, dass die Abstände dazwischen ausreichend groß sind, sodass sich die einzelnen Gruppen beim Präsentieren nicht stören. Nun werden neue Gruppen (Präsentationsgruppen) nach dem Muster auf S. 72 gebildet. Dabei ist in jeder neuen Gruppe ein Mitglied aus jeder der verschiedenen Ursprungsgruppen.

Die neuen Gruppen gehen nun nacheinander von Plakat zu Plakat, und der Schüler in der neuen Gruppe, der an der Plakatentstehung beteiligt war, erläutert in einem kurzen Vortrag die Ergebnisse. Ein Zeitrahmen (ca. zwei bis fünf Minuten) sollte für die Präsentation eines Plakates vorher gemeinsam festgelegt werden, um „Staus" zu vermeiden. Beispielsweise mittels Gong kann der Wechsel zum nächsten Plakat angezeigt werden. Die Zuhörer notieren sich dabei die wichtigsten Aspekte in übersichtlicher Form (ggf. in Form einer Mindmap) und rücken von Plakat zu Plakat weiter.
Eine genaue Planung der Gruppen durch den Lehrer ist unumgänglich: Im Idealfall werden fünf Ursprungsgruppen mit jeweils fünf Mitgliedern gebildet; dann lassen sich auch fünf Präsentationsgruppen zu je fünf Schülern zusammenstellen. Wenn mehr oder weniger Schüler in der Klasse sind, achten Sie darauf, dass die Zahl der Ursprungsgruppen stets größer ist als die Zahl der Präsentationsgruppen, damit jedes Plakat durch ein Ursprungsgruppen-Mitglied erläutert werden kann.

Tipps

- Insbesondere bei jüngeren Schülern ist es unbedingt erforderlich, die Kriterien für ein gutes Plakat zu besprechen, schriftlich festzuhalten und beispielhaft zu verdeutlichen.
- Auch ist es empfehlenswert – insbesondere bei wenig präsentationserfahrenen jüngeren Schülern –, die Präsentation zunächst in der Ursprungsgruppe zu üben, bevor die Präsentation in einem Zwei-Minuten-Vortrag in der Präsentationsgruppe stattfindet.

Variante Sie können auch auf die Vorstellung der Plakate ganz verzichten, wenn diese selbsterklärend sind bzw. erst Teilergebnisse darstellen, die von den Mitschülern ggf. kommentiert und ergänzt werden sollen. Die Schüler können sich dann an das eine oder andere Plakat begeben, um sich eigenständig zu informieren bzw. Kommentare oder Ergänzungen auf bzw. neben dem Plakat vorzunehmen.

Material

Museumsgang zum Thema „Krebs" (Klassenstufe 7–9)

Themen für die Plakate

- Gruppe 1: Begriffsklärung „Krebs"; Entstehung von Krebs auf zellulärer Ebene
- Gruppe 2: Krebshäufigkeit (in Abhängigkeit von Geschlecht, Alter etc.); von Krebs bevorzugt befallene Organe
- Gruppe 3: Ursachen und Erkennen von Krebs
- Gruppe 4: Krebstherapien und Heilungsaussichten
- Gruppe 5: Krebskranke (auch Kinder) kommen zu Wort

Schema zur Bildung der Ursprungsgruppen

Gruppe 1	**Gruppe 2**	**Gruppe 3**	**Gruppe 4**	**Gruppe 5**
Schüler 1A	Schüler 2A	Schüler 3A	Schüler 4A	Schüler 5A
1B	2B	3B	4B	5B
1C	2B	3B	4B	5B
1D	2B	3B	4B	5B
1E	2B	3B	4B	5B
erstellt Plakat 1	*erstellt Plakat 2*	*erstellt Plakat 3*	*erstellt Plakat 4*	*erstellt Plakat 5*

Schema zur Bildung der Präsentationsgruppen

Gruppe 1	**Gruppe 2**	**Gruppe 3**	**Gruppe 4**	**Gruppe 5**
Schüler 1A	Schüler 1B	Schüler 1C	Schüler 1D	Schüler 1E
2A	2B	2C	2D	2E
3A	3B	3C	3D	3E
4A	4B	4C	4D	4E
5A	5B	5C	5D	5E
beginnt mit Plakat 1	*beginnt mit Plakat 2*	*beginnt mit Plakat 3*	*beginnt mit Plakat 4*	*beginnt mit Plakat 5*

→ Blitzlicht

Ziele der Methode

- Reflexion der eigenen Position zu einer bestimmten biologischen Unterrichtsthematik
- Sachliche Rückmeldung an andere (Mitschüler, Lehrer), was der Schüler gut (am Unterrichtsthema, an der Präsentation, an der Klassenarbeit etc.) fand und was nicht
- Schulen der Fähigkeit zur konstruktiven Rückmeldung als Teil der sozial-kommunikativen Kompetenz
- Vergleichen der eigenen Position mit der der Mitschüler

Einsatzmöglichkeiten

- In allen Unterrichtsphasen des Biologieunterrichts
- Einholen eines Meinungsbildes (zu einem bestimmten Thema, zu einer Methode etc.)
- Entscheidungsgrundlage für das weitere unterrichtliche Vorgehen bzw. künftige Schwerpunktsetzungen beim Besprechen der gleichen biologischen Unterrichtsthematik in anderen Klassen

Material

–

Vorbereitung

–

Sozialform

Plenum

Stufe

Sekundarstufe I und II

Beschreibung

Im Biologieunterricht wird die Methode „Blitzlicht" verwendet, um von (möglichst) jedem Schüler eine kurze Meinungsäußerung zu erhalten. Nach einer Vorbereitungszeit (ein bis zwei Minuten) geben die Schüler nacheinander kurze Rückmeldungen in ein bis drei Sätzen, während die anderen zuhören, sich jedoch mit verbalen und nonverbalen Kommentaren zurückhalten und auch nicht nachfragen dürfen.

Der Lehrer macht sich während der Blitzlicht-Phase kurze Notizen, die ihm helfen, Rückmeldeschwerpunkte bzw. Meinungstrends (Beispiele s. S. 75) aufzuspüren, die beispielsweise für den weiteren Unterricht handlungsleitende Strukturierungselemente sein können.

Tipps

- Geben Sie Regeln für das Blitzlicht vor (s. S. 75).
- In größeren Lerngruppen sollten Sie die Anzahl der Schüler begrenzen, die ein Blitzlicht abgeben.
- Gehen Sie mit einem Blitzlicht mit gutem Beispiel voran und bedenken auch Sie: In der Kürze liegt die Würze, nennen Sie zuerst das Positive, nicht alles, was man denkt, soll/muss auch ausgesprochen werden etc.
- Bei jüngeren Schülern sind Satzanfänge sehr hilfreich („Ich fand beim Thema Haustiere gut, dass …"; „Beim nächsten Mal sollte …").
- Zu Beginn stehen alle Schüler beispielsweise im Kreis und sehen sich an. Wer seinen Beitrag abgegeben hat, setzt sich; Schüler mit der gleichen Rückmeldungsabsicht setzen sich gleichzeitig mit dem betreffenden Blitzlicht-Schüler.
- Falls in der Blitzlicht-Runde ein gewisser Trend zum Negativen oder Destruktiven für Sie bemerkbar ist, steuern Sie schnell und sensibel, aber dennoch bestimmt nach und geben Sie entsprechende Regeln für die nächsten Schüler vor.
- Je länger eine Blitzlicht-Runde dauert, desto größer die Gefahr von Wiederholungen bzw. die Scheu davor, sich im Plenum zu präsentieren; deshalb beispielsweise: Etwa die Hälfte/ein Drittel/ein Viertel der Schüler können ihre Meinung kundtun, die anderen Schüler erhalten ihre Chance in der nächsten Blitzlicht-Runde.

Varianten

- Man unterscheidet Anfangsblitzlicht mit Erwartungen und Vorstellungen zum Thema, Zwischenblitzlicht mit Berichten über den aktuellen Arbeitsstand und Schlussblitzlicht (Haben sich meine Erwartungen erfüllt? Was gefiel mir gut? Was sollte beim nächsten Mal besser klappen?). Die drei verschiedenen didaktischen Orte für ein Blitzlicht verdeutlichen, wie variabel ein Blitzlicht im Biologieunterricht eingesetzt werden kann.
- Sie können es dem Zufall überlassen, welche Schüler ein Blitzlicht abgeben, oder den Rahmen enger halten und beispielsweise die Schüler, die im ersten Vierteljahr ihren Geburtstag haben, zum Blitzlicht auffordern. Zufallsgruppen sind bekanntlich auch in der Schule besonders erfolgreich.

Material

Mögliche Themen für ein „Blitzlicht" zu einem Meinungstrend:

- Ausweitung der Landschaftsschutz- bzw. Naturschutzgebiete – ja oder nein?
- Das Für und Wider von verpflichtenden Impfungen
- Anwendung der Gentechnik in der Pflanzen- und Tierzucht – pro oder kontra?
- Slow Food – ein interessanter Trend?

Mögliche Regeln für das „Blitzlicht"

- Dauer: maximal eine Minute pro Schüler, d. h., jeder sagt nur einen Satz.
- Mit dem Positiven beginnen.
- Aussagen gegenüber Mitschülern und Lehrern sollen wertschätzend formuliert werden.
- Konstruktiv-positive Formulierungen verwenden.
- Jeder hat die Möglichkeit, sich zu äußern.
- Keiner ist gezwungen, sich zu äußern.
- Die Beiträge werden nicht kommentiert und diskutiert.
- Rückfragen der Lehrperson sind erlaubt.
- Klar und deutlich sprechen.

→ Rückmeldescheibe

Ziele der Methode

- Einnehmen sachlich fundierter Positionen und fundiertes Äußern zu einem eng begrenzten biologischen Thema, einer Biologiestunde bzw. einem Projekt
- Einüben biologischer Fachbegriffe
- Aktivierung möglichst vieler/aller Schüler
- Adäquates Äußern und Annehmen von Kritik oder Vorschlägen
- Förderung der Reflexionskompetenz

Einsatzmöglichkeiten

In allen Unterrichtsphasen, insbesondere am Ende einer Lehr-Lern-Einheit bzw. einer Projektphase oder eines Projektes

Material

Rückmeldescheibe (s. S. 78), Klebepunkte oder Filzstifte/Marker

Vorbereitung

Rückmeldescheibe vorbereiten (an der Tafel/Flipchart bzw. auf DIN-A2- oder DIN-A1-Plakaten) und Klebepunkte bzw. Stifte bereithalten

Sozialform	Stufe
Plenum	Sekundarstufe I und II

Beschreibung

Die Methode „Rückmeldescheibe“ dient dazu, dass die Lernenden Mitschülern, dem Lehrer oder einem Referenten nonverbal Rückmeldung geben, was sie gut fanden und was aus ihrer Sicht weniger gelungen war.

Dazu bietet der Lehrer den Schülern an der Tafel oder auf einem Plakat eine Rückmeldescheibe (s. Beispiel auf S. 78) an. Hierfür bereitet er die Rückmeldescheibe entsprechend vor, beschriftet die Kreisausschnitte und fordert die Schüler anschließend auf, die eigene Meinung bzw. Position nonverbal zu äußern. Dies kann über Klebepunkte geschehen (dazu sind entsprechend viele Klebepunkte bereitzuhalten, die auf die Rückmeldescheibe zu kleben sind) oder durch kleine Markierungen (z. B. mit einem dicken Filzstift oder Marker), die auf der Rückmeldescheibe angebracht werden.

Der Lehrer sollte es nicht versäumen, bestimmte Regeln mit der Klasse zu vereinbaren (Beispiele s. S. 78).

Tipps

- Besprechen Sie mit der Klasse, zu welchen Feldern Rückmeldungen möglich sind (beispielsweise zu acht Feldern, allerdings hat jeder Schüler nur vier Klebepunkte, er muss sich also entscheiden, in welchen Kreisausschnitten er Markierungen anbringen will).
- Jeder Schüler sollte seine Meinung in Form von Klebepunkten nonverbal und anonym „äußern" können, d. h., es empfiehlt sich, das Plakat hinter einer Klapptafel bzw. Stellwand verdeckt anzubringen.
- Die Schüler sollten einzeln zur Rückmeldescheibe gehen.
- Nach der anonymen Rückmelderunde werden die Rückmeldungen – möglichst gemeinsam mit der Klasse – ausgewertet und daraus Folgerungen für den weiteren Biologieunterricht abgeleitet.
- Sie sollten während der „Klebephase" möglichst den Biologie-Fachraum verlassen – insbesondere dann, wenn Sie den Eindruck haben, dass die Schüler durch Ihre Anwesenheit beeinflusst werden könnten hinsichtlich ihrer ehrlichen Rückmeldung.
- Kopieren Sie sich eine unbeschriftete Rückmeldescheibe und nehmen Sie die Beschriftung erst dann vor, wenn die konkrete Rückmeldung (z. B. zu einer Unterrichtseinheit, einer neu im Biologieunterricht eingesetzten Methode wie etwa Lerntheke, einer Gruppenpräsentation) ansteht. Passen Sie dann die Beschriftung für die Kreisausschnitte gezielt an Ihre Thematik an.

Varianten

- Mädchen erhalten (beispielsweise) grüne Punkte, Jungs (beispielsweise) blaue Punkte, d. h., eine Auswertung nach Geschlecht ist leicht möglich.
- Sie können auch vor eine Rückmeldephase eine Gruppenarbeit schalten, damit Gruppenrückmeldungen möglich sind (und dadurch die einzelnen Schüler verdeckt agieren können).

Material

Beispiel für eine Rückmeldescheibe nach einer biologischen Unterrichtseinheit

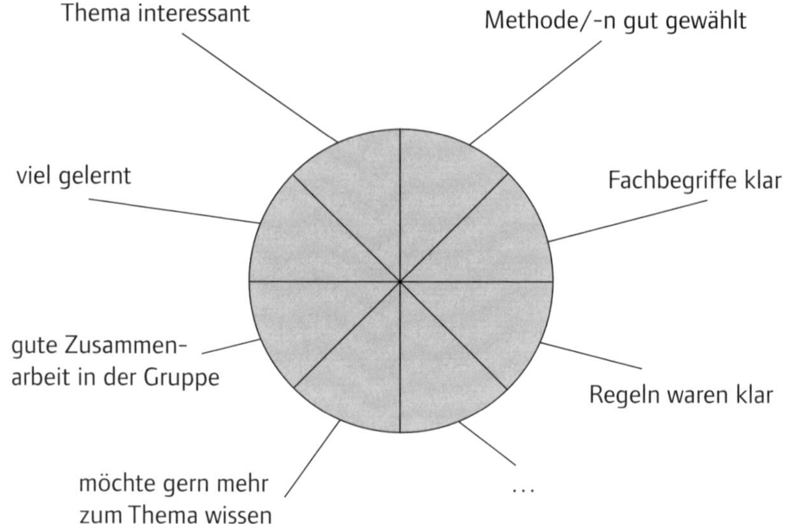

Mögliche Regeln für die Nutzung der Rückmeldescheibe

- Jeder Schüler hat nur vier Klebepunkte zur Verfügung bzw. darf nur vier Markierungen mit dem Filzstift (z. B. x, o) anbringen.
- Bei der Punkteabgabe wird nicht gesprochen, auch wird die Punkteabgabe anderer nicht kommentiert.
- Je näher die Klebepunkte in Richtung Mitte angebracht werden, desto positiver wird dieser Aspekt bewertet.
- Die Klebepunkte werden von jedem Schüler einzeln (anonym) angebracht.

Literatur (Auswahl)

Edelmann, W. (2000): Lernpsychologie. 6. Auflage, Beltz, Weinheim.

Gold, A. (2015): Guter Unterricht. Was wir wirklich darüber wissen. Vandenhoeck & Ruprecht, Göttingen.

Graf, E. (Hrsg.) (2016): Biologiedidaktik. Für Studium und Unterrichtspraxis. Auer, Donauwörth.

Graf, E. (2016): Krankheit Krebs. Lernen an Stationen im Biologieunterricht. Auer, Donauwörth.

Graf, E. u. a. (2016): Gesundes Frühstück. In: Schulmagazin 5–10, Heft 3/2016 (Teil 1, S. 33 ff.) und 4/2016 (Teil 2, S. 39 ff.).

Green, N., Green, K. (2005): Kooperatives Lernen im Klassenraum und im Kollegium. Trainingsbuch. Friedrich Verlag, Seelze-Velber.

Hattie, J. (2009): Visible Learning. A Synthesis of Over 800 Meta-Analyses Relating to Achievement. Routledge, London/New York.

Hattie, J. (2012): Visible Learning for Teachers. Maximizing Impact on Learning. Routledge, London/New York.

Hattie, J. (2013): Lernen sichtbar machen. Schneider, Hohengehren.

Hattie, J., Yates, G. (2014): Visible Learning and the Science of How We Learn. Routledge, London/New York.

Helmke, A., Schrader, F.-W. (2006): Lehrerprofessionalität und Unterrichtsqualität. Den eigenen Unterricht reflektieren und beurteilen. In: Schulmagazin 5–10, 9, S. 5–12.

Hermann, U. (Hrsg.) (2009): Neurodidaktik: Grundlagen und Vorschläge für gehirngerechtes Lehren und Lernen. Beltz, Weinheim/Basel.

Spörhase, U., Köhler, K. (Hrsg.) (2012): Biologie-Didaktik: Praxisbuch für die Sekundarstufe I und II. Cornelsen, Berlin.

Terhart, E. (Hrsg.) (2014): Die Hattie-Studie in der Diskussion – Probleme sichtbar machen. Klett-Kallmeyer, Seelze/Velber.